工科数学分析练习与提高(一)
GONGKE SHUXUE FENXI LIANXI YU TIGAO

(第二版)

余绍权　李少华　主编

图书在版编目(CIP)数据

工科数学分析练习与提高. 一、二(第二版)/余绍权,李少华主编. —武汉:中国地质大学出版社,2022.8(2024.7重印)

ISBN 978-7-5625-5391-5

Ⅰ.①工… Ⅱ.①余…②李… Ⅲ.①数学分析-高等学校-习题集 Ⅳ.①O17-44

中国版本图书馆 CIP 数据核字(2022)第 157642 号

工科数学分析练习与提高(一)(二)(第二版)	余绍权 李少华 主编
责任编辑:郑济飞	责任校对:谢媛华
出版发行:中国地质大学出版社(武汉市洪山区鲁磨路388号)	邮政编码:430074
电　　话:(027)67883511　　传真:(027)67883580	E-mail:cbb@cug.edu.cn
经　　销:全国新华书店	http://cugp.cug.edu.cn
开本:787毫米×1092毫米 1/16	字数:166千字　　印张:9.25
版次:2022年8月第2版　2018年7月第1版	印次:2024年7月第2次印刷
印刷:武汉中远印务有限公司	
ISBN 978-7-5625-5391-5	定价:35.00元(全2册)

如有印装质量问题请与印刷厂联系调换

前　言

本书是《工科数学分析(第二版)》的配套辅助教材,可作为高等学校"工科数学分析"与"高等数学"课程的教学参考书。该书具有以下特色。

(1) 全书分为四册,其中第一册和第二册是《工科数学分析(第二版)》(上册)的配套教辅,第三册和第四册是《工科数学分析(第二版)》(下册)的配套教辅。

(2) 第一册和第二册的主要内容有函数、极限、连续性,导数与微分,中值定理与导数的应用,一元函数的不定积分,一元函数的定积分;第三册和第四册的主要内容有向量代数与空间解析几何,无穷级数,重积分,第一型曲线积分和曲面积分,第二型曲线积分和曲面积分,常微分方程。

(3) 该书精选各类型习题,题量适中。每分册中每节的习题分为A、B、C类。A类为基本练习,用于巩固基础知识和基本技能;B类和C类为加深和拓宽练习。

(4) 每分册附有部分习题答案,以供参考。

本书的出版得到了中国地质大学(武汉)数学与物理学院领导及全体大学数学部老师的支持和帮助,他们分别是:李星、杨球、罗文强、田木生、肖海军、杨瑞琰、何水明、向东进、刘鲁文、李少华、肖莉、黄精华、李志明、余绍权、陈兴荣、王军霞、刘剑锋、杨迪威、邹敏、张玉洁、黄娟、马晴霞、杨飞、李卫峰、王元媛、陈荣三、乔梅红。谨在此向他们表示衷心的感谢!

由于编者水平有限,加之编写时间仓促,书中难免有不足之处,敬请广大读者批评指正!

编　者

2022年7月

目 录

第一章 函数、极限、连续性(一) ...... (1)
第一节 集合与实数系 ...... (1)
第二节 映射与函数 ...... (3)
第三节 数列的极限 ...... (6)
第四节 收敛数列的判别定理 ...... (8)
第五节 函数的极限 ...... (12)

第二章 中值定理与导数的应用 ...... (15)
第一节 微分中值定理 ...... (15)
第二节 L'Hospital 法则 ...... (20)
第三节 Taylor 公式 ...... (24)
第四节 函数形态的研究 ...... (28)
第五节 函数的最值及其应用 ...... (35)

第三章 一元函数定积分 ...... (38)
第一节 定积分的概念和性质、可积准则 ...... (38)
第二节 微积分基本公式 ...... (43)
第三节 定积分的计算 ...... (50)
第四节 反常积分 ...... (57)
第五节 定积分的应用 ...... (61)

参考答案 ...... (66)

第一章　函数、极限、连续性(一)

第一节　集合与实数系

理解集合的基本概念和集合的运算,熟悉区间与邻域的概念及表示方法,熟悉常用的逻辑符号,理解数集上确界和下确界的概念.

1. 区间与邻域的概念及表示方法;
2. 常用逻辑符号的含义及表示方法;
3. 数集的确界定义与确界存在定理.

例　举例:(1)有上确界无下确界的数集;(2)含有上确界但不含有下确界的数集;(3)既含有上确界又含有下确界的数集.

分析　要熟悉确界的定义,分清数集有确界和含有确界两个概念的区别.

解　(1)集合 $A=\{0,-1,-2,\cdots,-n,\cdots\}$,这个集合有上确界 0,无下确界.

(2)集合 $B=\{1,\dfrac{1}{2},\dfrac{1}{3},\cdots,\dfrac{1}{n},\cdots\}$,这个集合有上确界 1,且 1 包含在集合 B 中;有下确界 0,但 0 不包含在集合 B 中.

(3)集合 $C=\{1,2,3,4\}$,这个集合有上确界 4,下确界 1,1 和 4 都包含在集合 C 中.

A 类题

1. 上确界和下确界是怎样定义的?它们的等价说法分别是什么?

2. 选择题

(1) 已知 $\{1,2\} \subset M \subseteq \{1,2,3,4,5\}$，那么这样的集合 M 有（　　）.

(A) 6 个　　　　(B) 7 个　　　　(C) 8 个　　　　(D) 9 个

(2) 若集合 $A=\{x\mid f(x)=0\}, B=\{x\mid g(x)=0\}, C=\{x\mid \varphi(x)=0\}$，则方程组
$$\begin{cases} f(x)g(x)=0 \\ \varphi(x)=0 \end{cases}$$
的解集是（　　）.

(A) $A \cap B \cap C$　　　　　　(B) $(A \cup B) \cap C$

(C) $(A \cap B) \cup C$　　　　　　(D) $A \cup B \cup C$

3. (1) 用集合表示邻域 $O(1,2)$ 和区间 $[2,+\infty)$；

(2) 用邻域表示区间 $(-2,4)$ 和集合 $\{x \mid 0 < |x-0.2| < 0.05\}$.

4. 设 $A=\{1,2\}, B=\{a,b,c\}, C=\varnothing$，求 $A \times B, B \times C$.

5. 求下列数集的上确界和下确界：

(1) $A=\{0,1,2,3,4,5\}$；　　　　　(2) $B=\{x \mid x^2 < 4\}$.

B 类题

1. 设 $A=\{x, xy, \lg xy\}, B=\{0, |x|, y\}$，且 $A=B$. 求 x, y 的值.

2.求数集 $A=\{x\mid |x+1|+|x-1|<6\}$ 的上确界和下确界.

C 类题

设 A 是非空有界数集,证明:

(1) $\alpha=\inf A$ 的充分必要条件是:α 为 A 的下界,且 $\forall \varepsilon>0, \exists x_0 \in A$,使得 $x_0<\alpha+\varepsilon$;

(2)若 A 包含了它的一个上界 β,则 $\beta=\sup A$.

第二节 映射与函数

理解映射与函数的概念,掌握函数的各种性态.

1.映射、函数、初等函数、反函数、复合函数、分段函数等概念;

2.基本初等函数的性质:单调性、奇偶性、周期性和有界性.

例 1 问 $y=\sin\sqrt{1-u^2}$,$u=\mathrm{e}^x+\mathrm{e}^{-x}$ 能否构成复合函数?

分析 $y=f(u),u=g(x)$ 构成复合函数的条件是函数 g 的值域必须包含于函数 f 的定义域.

解 因 $u=\mathrm{e}^x+\mathrm{e}^{-x}>1$,而 $y=\sin\sqrt{1-u^2}$ 的定义域为 $|u|\leqslant 1$,所以不能构成复合函数.

例 2 函数 $y = \dfrac{1}{x}\sin\dfrac{1}{x}$ 在 $(0,1)$ 上是否有界?

分析 证明 $y = f(x), x \in D$ 有界,则要证明 $\exists M > 0$,使得 $\forall x \in D, |f(x)| \leq M$. 要证明无界,则要证明 $\forall M > 0, \exists x_0 \in D$,使得 $|f(x_0)| > M$.

解 $\forall M > 0$,取 $k = [M] + 1, x_0 = \dfrac{1}{2k\pi + \dfrac{\pi}{2}} \in (0, 1)$,

则 $|y(x_0)| = \left|\dfrac{1}{x_0}\sin\dfrac{1}{x_0}\right| = 2k\pi + \dfrac{\pi}{2} > M$,所以函数 $y = \dfrac{1}{x}\sin\dfrac{1}{x}$ 在 $(0,1)$ 上无界.

A 类题

1. 判断正误:

(1) 设 $f(x) = \dfrac{1}{x}$,则 $f(f(x)) = x$. ( )

(2) $f(x) = \sin\dfrac{1}{x}$ 是定义域上的有界函数. ( )

(3) 对任何函数 $y = f(u), u = g(x)$,必有复合函数 $f \circ g(x) = f[g(x)]$. ( )

2. 求下列函数的定义域:

(1) $y = \sqrt{\lg\left(\dfrac{5x - x^2}{4}\right)} + \arccos 2^{-x}$;

(2) $y = \begin{cases} \dfrac{1}{x-1}, & x < 0, \\ \dfrac{1}{x}, & 0 < x < 1, \\ 2, & 1 \leq x \leq 2. \end{cases}$

3. 若 $f(x) = \begin{cases} 4x + 1, & x \geq 0, \\ x^2 + 2, & x < 0, \end{cases}$ 试求 $f(-1), f(0), f(1), f(x+1)$.

4.求下列函数的表达式：

(1) 设 $f\left(x+\dfrac{1}{x}\right)=x^2+\dfrac{1}{x^2}$，求 $f(x)$；

(2) 已知函数 $f(x)=\mathrm{e}^x$，$f(g(x))=1-x$，且 $g(x)\geqslant 0$，求 $g(x)$；

(3) 设 $f(x)=\dfrac{x}{1-x}$，求 $f\circ f(x)$ 和 $\underbrace{f\circ f\circ\cdots\circ f(x)}_{n\text{个}f}$.

5.设 $\varphi(x)$ 是以 T 为周期的函数，λ 是任意正实数，证明函数 $\varphi(\lambda x+k)$ 是以 $\dfrac{T}{\lambda}$ 为周期的函数(其中 k 是任意常数).

6.某市某种出租车票价规定如下：起价8.90元，行驶8千米时开始按里程计费，不足16千米时，每千米收费1.20元；超过16千米时，每千米收费1.80元.试将票价(元)表示成路程(km)的函数，并作图.

B 类题

1. 证明函数 $f(x)=\sin\sqrt{x}$ 不是周期函数.

2. 证明函数 $f(x)=\dfrac{1+x^2}{1+x^4}$ 在 $(-\infty,+\infty)$ 上是有界函数.

3. 证明函数 $y=x\cos x$ 在 $(-\infty,+\infty)$ 内无界.

第三节 数列的极限

了解数列极限的定义,掌握数列极限的四则运算和收敛数列的性质.

1. 数列极限的定义;
2. 收敛数列的性质.

例 1 证明:若 $\lim\limits_{n\to\infty}u_n=A$,$\lim\limits_{n\to\infty}v_n=B$,$A>B$,则存在正整数 N,当 $n>N$ 时,不等式 $u_n>v_n$ 恒成立.

分析 利用数列极限的保号性.

证明 $\lim\limits_{n\to\infty}(u_n-v_n)=A-B>0$. 因数列 $\{u_n-v_n\}$ 的极限大于 0,由数列极限的保号性,则存在正整数 N. 当 $n>N$ 时,$u_n-v_n>0$,即 $u_n>v_n$.

例 2 求极限 $\lim\limits_{n\to\infty}(\dfrac{1}{2^n}+\dfrac{2}{2^n}+\cdots+\dfrac{n}{2^n})$.

分析 利用二项式定理进行缩放,再利用数列极限的四则运算.

解 $\lim\limits_{n\to\infty}(\dfrac{1}{2^n}+\dfrac{2}{2^n}+\cdots+\dfrac{n}{2^n})=\lim\limits_{n\to\infty}\dfrac{n(n+1)}{2\cdot 2^n}$,

又 $2^n=(1+1)^n=C_n^0+C_n^1+C_n^2+C_n^3+\cdots+C_n^n>C_n^3, \dfrac{2^n}{C_n^3}>1,$ 令 $\dfrac{2^n}{C_n^3}=A_n>1,$

则原式 $=\lim\limits_{n\to\infty}\dfrac{n(n+1)}{2\cdot A_n C_n^3}=\lim\limits_{n\to\infty}\dfrac{3(n+1)}{A_n(n-1)(n-2)}=\lim\limits_{n\to\infty}\dfrac{3(1+\dfrac{1}{n})}{A_n(1-\dfrac{1}{n})(n-2)}=0.$

A 类题

1.判断正误:

(1)若数列 $\{x_n\}$ 的子列 $\{x_{2n}\},\{x_{2n+1}\}$ 都收敛,则 $\{x_n\}$ 收敛. （   ）

(2)若数列 $\{x_n\}$ 的任一个子列均存在收敛的子列,则 $\{x_n\}$ 必收敛. （   ）

(3)若 $\lim\limits_{n\to\infty}x_n y_n=0$,则两个数列 $\{x_n\}$ 与 $\{y_n\}$ 中至少有一个收敛到 0. （   ）

2.数列 $\{x_n\}$ 有界是数列 $\{x_n\}$ 收敛的_____条件;数列 $\{x_n\}$ 收敛是数列 $\{x_n\}$ 有界的_____条件.

3.求下列极限:

(1) $\lim\limits_{n\to\infty}(1+\dfrac{1}{2}+\dfrac{1}{4}+\cdots+\dfrac{1}{2^n})$;

(2) $\lim\limits_{n\to\infty}\dfrac{1+2+3+\cdots+(n-1)}{n^2}$;

(3) $\lim\limits_{n\to\infty}\dfrac{(n+1)(n+2)(n+3)}{5n^3}$.

B 类题

1. 求下列极限：

(1) $\lim\limits_{n\to\infty}\left(1-\dfrac{1}{2^2}\right)\left(1-\dfrac{1}{3^2}\right)\cdots\left(1-\dfrac{1}{n^2}\right)$;

(2) $\lim\limits_{n\to\infty}\dfrac{1+\dfrac{1}{2}+\cdots+\dfrac{1}{2^n}}{1+\dfrac{1}{4}+\cdots+\dfrac{1}{4^n}}$;

(3) $\lim\limits_{n\to\infty}\dfrac{a^n}{1+a^n}\,(a\geqslant 0)$;

(4) $\lim\limits_{n\to\infty}\sin^2(\pi\sqrt{n^2+n})$.

2. 证明：数列 $\{x_n\}$ 以 0 为极限，其充分必要条件为子数列 $\{x_{2k}\}$ 和 $\{x_{2k-1}\}$ 均以 0 为极限.

第四节 收敛数列的判别定理

掌握极限存在的两边夹准则和单调有界准则，了解区间套定理、致密性定理和 Cauchy 收敛准则.

数列收敛的各种判别准则:两边夹准则;单调有界准则;Cauchy 收敛准则.

例 1 设 $a_i \geqslant 0 (i=1,2,\cdots)$,证明下列数列有极限:

$$x_n = \frac{a_1}{1+a_1} + \frac{a_2}{(1+a_1)(1+a_2)} + \cdots + \frac{a_n}{(1+a_1)(1+a_2)\cdots(1+a_n)} \quad (n=1,2,\cdots).$$

分析 显然数列单调增加,利用拆项相消,证明数列有上界.

证明 显然 $x_n \leqslant x_{n+1}$,即 $\{x_n\}$ 单调增加,又

$$x_n = \sum_{k=1}^{n} \frac{(1+a_k)-1}{(1+a_1)(1+a_2)\cdots(1+a_k)}$$

$$= 1 - \frac{1}{1+a_1} + \sum_{k=2}^{n} \left[\frac{1}{(1+a_1)(1+a_2)\cdots(1+a_{k-1})} - \frac{1}{(1+a_1)(1+a_2)\cdots(1+a_k)}\right]$$

$$= 1 - \frac{1}{(1+a_1)(1+a_2)\cdots(1+a_n)} < 1$$

数列 $\{x_n\}$ 单调增加,且有上界,因此极限存在.

例 2 证明:若对于充分大的 n,有 $|x_n - a| \leqslant \rho |x_{n-1} - a|$,$0 < \rho < 1$,则 $\lim\limits_{n\to\infty} x_n = a$.

分析 利用题设递推,可用两边夹准则.

证明 由题设,存在正整数 N,当 $n > N$ 时,有

$$0 \leqslant |x_n - a| \leqslant \rho |x_{n-1} - a| \leqslant \rho^2 |x_{n-2} - a| \leqslant \cdots \leqslant \rho^{n-N} |x_N - a|,$$

又 $0 < \rho < 1$,则有 $\lim\limits_{n\to\infty} \rho^{n-N} |x_N - a| = 0$,

由两边夹准则,知 $\lim\limits_{n\to\infty} |x_n - a| = 0$,因此 $\lim\limits_{n\to\infty} x_n = a$.

A 类题

1.数列单调有界是数列具有极限的( ).

(A)必要条件   (B) 充分条件

(C)充分必要条件   (D)既非充分也非必要条件

2.利用两边夹准则求极限

(1) $\lim\limits_{n\to\infty} \dfrac{\sqrt{n^2+1}}{n+1}$;   (2) $\lim\limits_{n\to\infty} \dfrac{\sqrt[3]{n^2}\sin(n!)}{n+1}$;

(3) $\lim_{n\to\infty}(3^n+5^n+7^n)^{1/n}$;

(4) $\lim_{n\to\infty}\dfrac{1}{\sqrt{n^2+1}}+\dfrac{1}{\sqrt{n^2+2}}+\cdots+\dfrac{1}{\sqrt{n^2+n}}$.

3. 求下列数列的极限：

(1) $\lim_{n\to\infty}\left(\dfrac{n}{n+1}\right)^n$;

(2) $\lim_{n\to\infty}\left(\dfrac{n+2}{n+1}\right)^n$.

4. 利用单调有界准则证明下列数列的极限存在，并求其值：

(1) $x_1=1, x_{n+1}=\sqrt{2x_n}\quad(n=1,2,\cdots)$;

(2) $x_1>0, x_{n+1}=\dfrac{1}{2}\left(x_n+\dfrac{a}{x_n}\right)\quad(a>0, n=1,2,\cdots)$;

(3) $x_1>3, x_{n+1}=\sqrt{3+2x_n}\quad(n=1,2,\cdots)$.

B 类题

1. 求下列数列的极限：

(1) $x_n = \dfrac{1}{2^n} + \dfrac{2}{2^n} + \cdots \dfrac{n}{2^n}$ $(n=1,2,\cdots)$；

(2) $x_n = \dfrac{1}{2} + \dfrac{3}{2^2} + \dfrac{5}{2^3} + \cdots + \dfrac{2n-1}{2^n}$ $(n=1,2,\cdots)$；

(3) $x_n = \dfrac{n+1}{n^2+1} + \dfrac{n+2}{n^2+2} + \cdots + \dfrac{n+n}{n^2+n}$ $(n=1,2,\cdots)$；

(4) $x_n = \sqrt[n]{a_1^n + a_2^n + \cdots + a_m^n}$ $(n=1,2,\cdots)$，其中 $a_1, a_2, \cdots, a_m$ 为非负数.

2. 证明下列数列的极限存在，并求其值：

(1) $a > 0, 0 < x_1 < \dfrac{1}{a}, x_{n+1} = x_n(2 - ax_n)$ $(n=1,2,\cdots)$；

(2) $x_1 = 1, x_{n+1} = \dfrac{1+2x_n}{1+x_n}$ $(n=1,2,\cdots)$.

C 类题

设数列 $\{x_n\}$ 满足 $0<x_1<\pi, x_{n+1}=\sin x_n$ $(n=1,2,\cdots)$，证明极限 $\lim\limits_{n\to\infty}x_n$ 存在，并求其值．

第五节　函数的极限

理解函数极限的概念，掌握函数极限的运算和性质．

1．自变量趋于无穷大时函数极限的定义；

2．自变量趋于有限值时函数极限的定义；

3．函数极限的四则运算，复合函数的极限运算；

4．函数极限的性质．

例1 求下述函数的极限：(1) $\lim\limits_{x\to 0^-}\arctan\dfrac{1}{x}$；(2) $\lim\limits_{x\to 0^+}\arctan\dfrac{1}{x}$．

分析 作变量代换，实质为复合函数的极限运算．

解 (1) 令 $t=\dfrac{1}{x}$，$x\to 0^-$ 时，$t\to -\infty$，则原式 $=\lim\limits_{t\to -\infty}\arctan t=-\dfrac{\pi}{2}$；

(2) 令 $t=\dfrac{1}{x}$，$x\to 0^+$ 时，$t\to +\infty$，则原式 $=\lim\limits_{t\to +\infty}\arctan t=\dfrac{\pi}{2}$．

例2 若 $\varphi(x)\leqslant\psi(x)$ 且 $\lim\limits_{x\to x_0}\varphi(x)=a$，$\lim\limits_{x\to x_0}\psi(x)=b$，证明 $a\leqslant b$．

分析 利用收敛数列的保号性．

证明 反证法．假设 $a>b$，则 $\lim\limits_{x\to x_0}(\varphi(x)-\psi(x))=a-b>0$．由函数极限的局部保号性，则在 x_0 的某一去心邻域内，必有 $\varphi(x)-\psi(x)>0$，与题设 $\varphi(x)\leqslant\psi(x)$ 矛盾．

A 类题

1. 求下列极限：

(1) $\lim\limits_{x \to 4} \dfrac{x^2 - 6x + 8}{x^2 - 5x + 4}$；

(2) $\lim\limits_{x \to 0} \dfrac{\sqrt{4x + 25} - 5}{4x}$；

(3) $\lim\limits_{x \to \infty} \dfrac{4x^3 + 5x + 4}{16x^3 - 2x^2 + 9}$；

(4) $\lim\limits_{x \to 1} \left(\dfrac{1}{1-x} - \dfrac{3}{1-x^3} \right)$；

(5) $\lim\limits_{x \to 2} \dfrac{\sqrt{x^2 + 5} - 3}{\sqrt{2x + 1} - \sqrt{5}}$；

(6) $\lim\limits_{x \to 1} \dfrac{x + x^2 + \cdots + x^n - n}{x - 1}$.

2. 求下列函数在 $x = 0$ 处的左、右极限，并说明它们在 $x \to 0$ 时极限是否存在.

(1) $f(x) = e^{1/x}$；

(2) $f[g(x)] = \sin g(x)$, $g(x) = \begin{cases} x - \dfrac{\pi}{2}, & x \leqslant 0, \\ x + \dfrac{\pi}{2}, & x > 0. \end{cases}$

B 类题

1. 计算下列极限：

(1) $\lim\limits_{x\to\infty}\dfrac{x-\sin x}{x+\sin x}$；

(2) $\lim\limits_{x\to 0^-}e^{1/x}\sqrt{\operatorname{arccot}\dfrac{1}{x}+\pi}$；

(3) $\lim\limits_{x\to 0}\left(\dfrac{2+e^{1/x}}{1+e^{4/x}}+\dfrac{\sin x}{|x|}\right)$.

2. 设 $f(x-1)=\begin{cases}x, & x>1,\\ x-2, & x\leqslant 1,\end{cases}$ $g(x)=\begin{cases}-e^{-x}, & x>0,\\ e^{x}, & x\leqslant 0,\end{cases}$ 求 $\lim\limits_{x\to 0}f(x)g(x)$.

3. 求 a,b 的值，使得 $\lim\limits_{x\to\infty}\left(\dfrac{x^2+1}{x+1}-ax-b\right)=0$.

第二章　中值定理与导数的应用

第一节　微分中值定理

理解 Rolle 中值定理和 Lagrange 中值定理,了解 Cauchy 中值定理.

1. 极值(极大值和极小值)的概念以及 Fermat 定理;
2. Rolle 中值定理,Lagrange 中值定理以及 Cauchy 中值定理适用条件及结论,三个中值定理之间的联系;
3. 证明有关中值定理的结论以及利用中值定理证明不等式.

例 1　设 $f(x)$ 在区间 $[a,b]$ 上连续,在 (a,b) 上可导,证明存在 $\xi \in (a,b)$,使得
$$\frac{bf(b)-af(a)}{b-a}=f(\xi)+\xi f'(\xi).$$

分析　从证明的结果出发,观察等式右端发现,$f(\xi)+\xi f'(\xi)=[xf(x)]'|_{x=\xi}$. 令 $F(x)=xf(x)$,等式左端可以看作为 $\dfrac{F(b)-F(a)}{b-a}$,具备 Lagrange 中值定理结论的形式,故只需验证函数 $F(x)$ 是否满足 Lagrange 中值定理的条件即可.

证明　令 $F(x)=xf(x)$,因为 $f(x)$ 在区间 $[a,b]$ 上连续,在 (a,b) 上可导,可知 $F(x)$ 在区间 $[a,b]$ 上连续,在 (a,b) 上可导,满足 Lagrange 中值定理的条件,则存在 $\xi \in (a,b)$,使得
$$\frac{F(b)-F(a)}{b-a}=F'(\xi),$$
即
$$\frac{bf(b)-af(a)}{b-a}=f(\xi)+\xi f'(\xi).$$

例 2 设 $a>b>0$,证明: $\dfrac{a-b}{a}<\ln\dfrac{a}{b}<\dfrac{a-b}{b}$.

分析 改写需要证明的结果,有 $\dfrac{1}{a}<\dfrac{\ln a-\ln b}{a-b}<\dfrac{1}{b}$. 对任意的 $\xi\in(b,a)$,显然 $\dfrac{1}{a}<\dfrac{1}{\xi}<\dfrac{1}{b}$. 若要证明上述不等式,只需证明存在 $\xi\in(b,a)$,使得 $\dfrac{\ln a-\ln b}{a-b}=\dfrac{1}{\xi}$. 因此应用 Lagrange 中值定理即可证明.

证明 令 $f(x)=\ln x$,显然 $f(x)$ 在区间 $[b,a]$ 上连续,在 (b,a) 上可导,由 Lagrange 中值定理可得,存在 $\xi\in(b,a)$,使得 $\dfrac{\ln a-\ln b}{a-b}=\dfrac{1}{\xi}$,故由上面的分析可得

$$\dfrac{a-b}{a}<\ln\dfrac{a}{b}<\dfrac{a-b}{b}.$$

A 类题

1. 验证 Rolle 中值定理对函数 $y=\sin x$ 在区间 $\left[\dfrac{\pi}{4},\dfrac{3\pi}{4}\right]$ 上的正确性.

2. 验证 Lagrange 中值定理对函数 $y=2x^3-5x^2+x-2$ 在区间 $[0,1]$ 上的正确性.

3. 验证 Cauchy 中值定理对函数 $f(x)=\sin x$ 及 $F(x)=x+\cos x$ 在区间 $\left[0,\dfrac{\pi}{2}\right]$ 上的正确性.

4. 设函数 $f(x)$ 在闭区间 $[a,b]$ 上连续，在开区间 (a,b) 内可导，证明：

(1) 若 $f'(x) \geqslant m$，其中 m 为常数，则 $f(b) \geqslant f(a) + m(b-a)$；

(2) 若 $f'(x) \leqslant M$，其中 M 为常数，则 $f(b) \leqslant f(a) + M(b-a)$.

5. 设函数 $f(x)$、$g(x)$ 均在闭区间 $[a,b]$ 上连续，在开区间 (a,b) 内可导，且 $f'(x) > g'(x)$，证明：(1) 若 $f(a) = g(a)$，则 $f(x) > g(x)$，$x > a$；(2) 若 $f(b) = g(b)$，则 $f(x) < g(x)$，$x < b$.

6. 证明：无论 m 是什么数，多项式函数 $f(x) = x^3 - 3x + m$ 在 $[0,1]$ 内绝不会有两个零点.

7. 证明恒等式 $\arctan x - \dfrac{1}{2}\arccos \dfrac{2x}{1+x^2} = \dfrac{\pi}{4}$ $(x \geq 1)$.

8. 利用 Lagrange 中值定理证明不等式 $|\sin b - \sin a| \leq |b-a|$.

B 类题

1. 设不为常数的函数 $f(x)$ 在闭区间 $[a,b]$ 上连续,在开区间 (a,b) 内可导,且 $f(a)=f(b)$. 证明至少有一点 $\xi \in (a,b)$,使得 $f'(\xi) > 0$.

2. 证明方程 $2^x - x^2 - 1 = 0$ 恰有三个不同的实根.

3. 设 $a_0 + \dfrac{a_1}{2} + \dfrac{a_2}{3} + \cdots + \dfrac{a_n}{n+1} = 0$，则方程 $a_0 + a_1 x + a_2 x^2 + \cdots + a_n x^n = 0$ 在 $(0,1)$ 内至少有一实根.

4. 已知 $f(x)$ 在 $(-\infty, +\infty)$ 内可导，且 $\lim\limits_{x\to\infty} f'(x) = \mathrm{e}$，$\lim\limits_{x\to\infty}\left(\dfrac{x+c}{x-c}\right)^x = \lim\limits_{x\to\infty}[f(x) - f(x-1)]$，求 c 的值.

5. 设函数 $f(x)$ 在 $[0,c)$ 内可导，且 $f'(x)$ 单调减，$f(0)=0$，证明：对 $0 \leqslant a \leqslant b \leqslant a+b \leqslant c$，恒有 $f(a+b) \leqslant f(a) + f(b)$.

C 类题

1. 设 $f(x)$ 在 $[a,b]$ 上有二阶导数，且 $f(a) = f(b) = 0$，$f'(a)f'(b) > 0$，证明：
(1) 存在 $\xi \in (a,b)$，使得 $f(\xi) = 0$；(2) 存在 $\eta \in (a,b)$，使得 $f''(\eta) = 0$.

2. 当 $x \geqslant 0$ 时,试证: $\sqrt{x+1}-\sqrt{x}=\dfrac{1}{2\sqrt{x+\theta(x)}}$ $(\dfrac{1}{4}\leqslant\theta(x)<\dfrac{1}{2})$,并且

$$\lim_{x\to 0}\theta(x)=\dfrac{1}{4}, \quad \lim_{x\to +\infty}\theta(x)=\dfrac{1}{2}.$$

第二节　L'Hospital 法则

会用 L'Hospital 法则求未定式的极限.

1. 未定式 $\dfrac{0}{0}$ 和 $\dfrac{\infty}{\infty}$ 的 L'Hospital 法则;

2. 将其他未定式如: $0\cdot\infty, \infty-\infty, 0^{\infty}, \infty^{0}$ 以及 1^{∞} 转换成 $\dfrac{0}{0}$ 和 $\dfrac{\infty}{\infty}$ 型;

3. 注意 L'Hospital 法则有失效的时候,需要改用其他方法.

例1　求极限 $\lim\limits_{x\to 0}\dfrac{\arctan x-x}{\ln(1+2x^3)}$.

分析　分析极限式子发现, $\lim\limits_{x\to 0}(\arctan x-x)=0$ 以及 $\lim\limits_{x\to 0}\ln(1+2x^3)=0$. 所求极限为未定式 $\dfrac{0}{0}$ 型,并满足 L'Hospital 法则适用条件,故可用 L'Hospital 法则求该极限.

解　利用等价无穷小以及 L'Hospital 法则有

$$\lim_{x\to 0}\dfrac{\arctan x-x}{\ln(1+2x^3)}=\lim_{x\to 0}\dfrac{\arctan x-x}{2x^3}=\lim_{x\to 0}\dfrac{\dfrac{1}{1+x^2}-1}{6x^2}=\lim_{x\to 0}\dfrac{-1}{6(1+x^2)}=-\dfrac{1}{6}.$$

例2　求 $\lim\limits_{x\to 0}\left(\dfrac{1}{\sin^2 x}-\dfrac{\cos^2 x}{x^2}\right)$.

分析 很容易发现极限为 $\infty-\infty$ 型的未定式,因此通过通分将其转化为 $\dfrac{0}{0}$ 或 $\dfrac{\infty}{\infty}$ 型,再用 L'Hospital 法则求解.

解 $\lim\limits_{x\to 0}\left(\dfrac{1}{\sin^2 x}-\dfrac{\cos^2 x}{x^2}\right)=\lim\limits_{x\to 0}\dfrac{x^2-\sin^2 x\cos^2 x}{x^2\sin^2 x}=\lim\limits_{x\to 0}\dfrac{x^2-\dfrac{1}{4}\sin^2 2x}{x^4}$

$=\lim\limits_{x\to 0}\dfrac{2x-\dfrac{1}{2}\sin 4x}{4x^3}=\lim\limits_{x\to 0}\dfrac{1-\cos 4x}{6x^2}=\lim\limits_{x\to 0}\dfrac{\sin 4x}{3x}=\dfrac{4}{3}$.

例 3 求 $\lim\limits_{x\to 1}x^{\frac{1}{1-x}}$.

分析 很显然所求极限为 1^∞ 型,需要通过 $u(x)^{v(x)}=\mathrm{e}^{v(x)\ln u(x)}$ 将所求极限转化成 $\dfrac{0}{0}$ 或 $\dfrac{\infty}{\infty}$ 型.

解 $\lim\limits_{x\to 1}x^{\frac{1}{1-x}}=\lim\limits_{x\to 1}\mathrm{e}^{\frac{\ln x}{1-x}}=\mathrm{e}^{\lim\limits_{x\to 1}\frac{\ln x}{1-x}}=\mathrm{e}^{\lim\limits_{x\to 1}\frac{\frac{1}{x}}{-1}}=\mathrm{e}^{-1}$.

A 类题

利用 L'Hospital 法则求极限:

(1) $\lim\limits_{x\to 0}\dfrac{\sin 5x}{\sin x}$;

(2) $\lim\limits_{x\to 0}\dfrac{1-\cos^2 x^2}{x^2\sin x^2}$;

(3) $\lim\limits_{x\to 0}\dfrac{a^x-a^{\sin x}}{x^3}(a>0)$;

(4) $\lim\limits_{x\to \frac{\pi}{2}}\dfrac{\ln\sin x}{(\pi-2x)^2}$;

(5) $\lim\limits_{x\to 0^+}\dfrac{\ln(\sin ax)}{\ln(\sin bx)}$;

(6) $\lim\limits_{x\to 1}\left(\dfrac{2}{x^2-1}-\dfrac{1}{x-1}\right)$;

(7) $\lim\limits_{x\to 0}\left(\dfrac{(1+x)^{\frac{1}{x}}}{e}\right)^{\frac{1}{x}}$;

(8) $\lim\limits_{x\to 0}\left[\dfrac{1}{\ln(1+x)}-\dfrac{1}{x}\right]$;

(9) $\lim\limits_{x\to 0}\dfrac{\ln\cos ax}{\ln\cos bx}$;

(10) $\lim\limits_{x\to 0^+}\dfrac{e^{-\frac{1}{x}}}{x^{20}}$;

(11) $\lim\limits_{x\to 0}\dfrac{\sqrt{x+1}-\sqrt{\tan x+1}}{x^3}$;

(12) $\lim\limits_{x\to 1}(1-x)\tan\dfrac{\pi x}{2}$;

(13) $\lim\limits_{x\to 0^+}x^{\arcsin x}$;

(14) $\lim\limits_{x\to 0^+}\left(\ln\dfrac{1}{x}\right)^x$.

B 类题

1. 求极限 $\lim\limits_{x\to 0}\left(\dfrac{a_1^x+a_2^x+\cdots+a_n^x}{n}\right)^{\frac{1}{x}}$.

2. 求极限 $\lim\limits_{x \to 1} \dfrac{(1-x)(1-\sqrt{x})\cdots(1-\sqrt[n]{x})}{(1-x)^n}$.

3. 确定 a,b 的值,使 $\lim\limits_{x \to +\infty}(\sqrt{2x^2+4x-1}-ax-b)=0$.

4. 设函数 $f(x)$ 有二阶导数,且 $\lim\limits_{x \to 0}\dfrac{f(x)}{x}=0$,$f''(0)=4$,求 $\lim\limits_{x \to 0}\left(1+\dfrac{f(x)}{x}\right)^{1/x}$.

5. 设函数 $g(x)$ 在 $x=0$ 处有 $g(0)=g'(0)=0$,$g''(0)=17$,令 $f(x)=\begin{cases}\dfrac{g(x)}{x}, & x\neq 0,\\ 0, & x=0.\end{cases}$ 讨论 $f(x)$ 在 $x=0$ 处的可导性.

C 类题

1. 设 $f''(x_0)$ 存在，证明
$$\lim_{h \to 0} \frac{f(x_0+2h)-2f(x_0+h)+f(x_0)}{h^2} = f''(x_0).$$

2. 证明函数 $f(x)=\left(1+\dfrac{1}{x}\right)^x$ 在 $(0,+\infty)$ 上单调增加.

第三节　Taylor 公式

了解 Taylor 中值定理以及用多项式逼近函数的思想.

1. Taylor 公式、Maclaurin 公式以及对应的 Lagrange 和 Peano 型余项表达式；
2. 几个常用函数的 Maclaurin 公式.

例 1　将 $f(x)=e^x$ 按 $x+2$ 的幂展开，到含有 $(x+2)^3$ 为止，并带 Lagrange 型余项.

分析　本题可以直接套用带有 Lagrange 型余项的 Taylor 公式，称为直接法，也可以借助常用函数的 Taylor 公式，称为间接法，在此仅介绍间接法.

解　对任意的 $t\in(-\infty,+\infty)$，有

$$e^t = 1 + t + \frac{t^2}{2!} + \frac{t^3}{3!} + \frac{t^4}{4!}e^{\theta t} \quad (0 < \theta < 1),$$

令 $t = x+2$,有

$$e^{x+2} = 1 + (x+2) + \frac{(x+2)^2}{2!} + \frac{(x+2)^3}{3!} + \frac{(x+2)^4}{4!}e^{\theta(x+2)},$$

于是有

$$e^x = e^{-2+(x+2)} = \frac{1}{e^2}\left[1 + (x+2) + \frac{(x+2)^2}{2!} + \frac{(x+2)^3}{3!} + \frac{(x+2)^4}{4!}e^{\theta(x+2)}\right].$$

例 2 求极限 $\lim\limits_{x \to 0} \dfrac{e^x \sin x - x(1+x)}{\sin^3 x}$.

分析 从极限形式来看是 $\dfrac{0}{0}$ 型,可以尝试利用 L'Hospital 法则求解. 在本节中介绍 Taylor 公式法求极限.

解
$$\lim_{x \to 0} \frac{e^x \sin x - x(1+x)}{\sin^3 x} = \lim_{x \to 0} \frac{e^x \sin x - x(1+x)}{x^3}$$

$$= \lim_{x \to 0} \frac{\left[1 + x + \dfrac{x^2}{2!} + o(x^2)\right]\left[x - \dfrac{x^3}{3!} + o(x^3)\right] - x(1+x)}{x^3}$$

$$= \lim_{x \to 0} \frac{\dfrac{x^3}{3} + o(x^3)}{x^3} = \frac{1}{3}.$$

A 类题

1. 按 $(x+1)$ 的幂展开多项式 $f(x) = 1 + 3x + 5x^2 - 2x^3$.

2. 应用 Maclaurin 公式,按 x 的幂展开函数 $f(x) = (x^2 - 3x + 1)^3$.

3. 求函数 $f(x) = \sqrt{x}$ 按 $(x-4)$ 的幂展开的带有 Lagrange 型余项的 3 阶 Taylor 公式.

4. 求函数 $f(x)=\ln x$ 按 $(x-2)$ 的幂展开的带有 Peano 型余项的 n 阶 Taylor 公式.

5. 求函数 $f(x)=\dfrac{1-x}{1+x}$ 在 $x=0$ 处的带有 Lagrange 余项的 n 阶 Taylor 展开式.

6. 利用 Taylor 公式计算下列极限：

(1) $\lim\limits_{x\to 0}\dfrac{e^x-1-x-\dfrac{x^2}{2}}{\sqrt[6]{1-x^3}-1}$;

(2) $\lim\limits_{x\to 0}\dfrac{\cos x-e^{-x^2/2}}{x^2[x+\ln(1-x)]}$.

B 类题

1. 设 $\lim\limits_{x\to 0}\dfrac{\ln(1+x)-(ax+bx^2)}{x^2}=2$, 求 a,b.

2. 求函数 $f(x)=xe^{2x}$ 的高阶导数 $f^{(2009)}(0)$.

3. 已知 $\lim\limits_{x\to 0}\dfrac{\sin 5x+xf(x)}{x^3}=\dfrac{1}{6}$, 求极限 $\lim\limits_{x\to 0}\dfrac{5+f(x)}{x^2}$.

4. 设函数 $f(x)$ 在 $x=0$ 的邻域内有二阶导数, 且 $\lim\limits_{x\to 0}\left(\dfrac{\ln(1+x)}{x^3}+\dfrac{f(x)}{x^2}\right)=0$, 求:
(1) $f(0), f'(0), f''(0)$; (2) $\lim\limits_{x\to 0}\left(\dfrac{2}{x^2}-\dfrac{1}{x}+\dfrac{2f(x)}{x^2}\right)$.

5. 设函数 $f(x)$ 在 $[a,b]$ 上 n 阶可导, $f^{(k)}(a)=0(k=0,1,2,\cdots,n-1)$, $f(b)=0$, 利用 Taylor 公式证明: 存在点 $\xi\in(a,b)$, 使得 $f^{(n)}(\xi)=0$.

6. 设函数 $f(x)$ 在 $[0,1]$ 上有二阶导数，且 $|f(x)|\leqslant a$，$|f''(x)|\leqslant b$，其中 a,b 为非负常数，c 为 $(0,1)$ 内任意一点．证明 $|f'(c)|\leqslant 2a+\dfrac{b}{2}$．

C 类题

设函数 $f(x)$ 在点 a 的邻域内有连续的三阶导数，$f(a+h)=f(a)+f'(a+\theta h)h$，$0<\theta<1$；$f''(a)=0$，$f'''(a)\neq 0$．证明 $\lim\limits_{h\to 0}\theta=\dfrac{\sqrt{3}}{3}$．

第四节 函数形态的研究

理解函数极值的概念，掌握利用导数判断函数的单调性和求函数极值的方法；会用导数判断函数图形的凹凸性，会求拐点，会描绘一些简单函数的图形(包括水平和铅直渐近线)；了解曲率和曲率半径的概念，会求曲率和曲率半径．

1．函数的单调性以及单调性的判断准则；

2．函数极值判定的第一充分条件以及第二充分条件；

3．函数的拐点、凹凸性以及相应的判定准则；

4．利用函数的单调性、凹凸性、极值、拐点以及函数的渐近线进行函数作图；

5．平面曲线的曲率的定义和计算公式．

例 1 证明当 $x>1$ 时，$\ln x > \dfrac{2(x-1)}{x+1}$.

分析 令 $f(x)=\ln x - \dfrac{2(x-1)}{x+1}$. 则有 $f(1)=0$. 如果能够证明函数 $f(x)$ 在 $x>1$ 的区间上严格单调递增，即可证明不等式成立.

证明 令 $f(x)=\ln x - \dfrac{2(x-1)}{x+1}$，$f(x)$ 在 $x>1$ 上可导，故有当 $x>1$ 时，

$$f'(x)=\dfrac{1}{x}-\dfrac{2(x+1)-2(x-1)}{(x+1)^2}=\dfrac{(x-1)^2}{x(x+1)^2}>0$$

即 $f(x)$ 在 $x>1$ 的区间上严格单调递增. 因此对一切的 $x>1$，有

$$f(x)>f(1)=0$$

因此有

$$\ln x > \dfrac{2(x-1)}{x+1}, \quad x>1.$$

例 2 求证曲线 $y=\dfrac{x+1}{x^2+1}$ 有位于一直线的三个拐点.

分析 只需将曲线的拐点求出，并说明其三点共线即可.

证明 求导可得

$$y'=\dfrac{(x^2+1)-(x+1)2x}{(x^2+1)^2}=\dfrac{1-2x-x^2}{(x^2+1)^2}$$

二阶导数为

$$y''=\dfrac{(-2-2x)(x^2+1)^2-(1-2x-x^2)\cdot 2(x^2+1)\cdot 2x}{(x^2+1)^4}$$

$$=\dfrac{2(x^3+3x^2-3x-1)}{(x^2+1)^3}=\dfrac{2(x-1)(x+2-\sqrt{3})(x-2+\sqrt{3})}{(x^2+1)^3}$$

令 $y''=0$，可得

$$x_1=1, x_2=-2-\sqrt{3}, x_3=-2+\sqrt{3}.$$

因此三个拐点为

$$(1,1),\ (-2-\sqrt{3},\dfrac{-1-\sqrt{3}}{8+4\sqrt{3}}),\ (-2+\sqrt{3},\dfrac{-1+\sqrt{3}}{8-4\sqrt{3}})$$

又因为

$$\frac{\dfrac{-1-\sqrt{3}}{8+4\sqrt{3}}-1}{-2-\sqrt{3}-1}=\frac{\dfrac{-1+\sqrt{3}}{8-4\sqrt{3}}-1}{-2+\sqrt{3}-1}=\frac{\dfrac{-1-\sqrt{3}}{8+4\sqrt{3}}-\dfrac{-1+\sqrt{3}}{8-4\sqrt{3}}}{-2-\sqrt{3}-(-2+\sqrt{3})}$$

所以三个拐点共线.

例 3 证明曲线 $y=a\operatorname{ch}\dfrac{x}{a}$ 在点 (x,y) 处的曲率半径为 $\dfrac{y^2}{a}$.

分析 本题考察曲率计算公式,曲率半径的定义.

证明 $y'=\operatorname{sh}\dfrac{x}{a}$,$y''=\dfrac{1}{a}\operatorname{ch}\dfrac{x}{a}$,故函数在点 (x,y) 处的曲率为

$$K=\frac{|y''|}{(1+y'^2)^{3/2}}=\frac{\left|\dfrac{1}{a}\operatorname{ch}\dfrac{x}{a}\right|}{\left(1+\operatorname{sh}^2\dfrac{x}{a}\right)^{3/2}}=\frac{1}{a\operatorname{ch}^2\dfrac{x}{a}},$$

因此曲率半径为 $\rho=\dfrac{1}{K}=a\operatorname{ch}^2\dfrac{x}{a}=\dfrac{y^2}{a}$.

例 4 求函数 $y=1-x+\sqrt{\dfrac{x^3}{3+x}}$ 的渐近线.

分析 函数的渐近线包括水平渐近线,垂直渐近线和斜渐近线.

解 (1) $x=-3$ 是函数的间断点,且

$$\lim_{x\to-3^-}\left(1-x+\sqrt{\dfrac{x^3}{3+x}}\right)=+\infty$$

因此 $x=-3$ 为函数的垂直渐近线.

(2) 因为

$$\lim_{x\to+\infty}\left(1-x+\sqrt{\dfrac{x^3}{3+x}}\right)=1-\lim_{x\to+\infty}\dfrac{x^2-\dfrac{x^3}{3+x}}{x\left(1+\sqrt{\dfrac{x}{3+x}}\right)}$$

$$=1-\lim_{x\to+\infty}\dfrac{\dfrac{3x^2}{3+x}}{x\left(1+\sqrt{\dfrac{x}{3+x}}\right)}=1-\dfrac{3}{2}=-\dfrac{1}{2},$$

所以 $y=-\dfrac{1}{2}$ 是水平渐近线.

(3) 因为

$$\lim_{x\to-\infty}\dfrac{y}{x}=\lim_{x\to-\infty}\left(\dfrac{1}{x}-1-\sqrt{\dfrac{x}{3+x}}\right)=-2,$$

因此斜渐近线的斜率为 -2.

$$\lim_{x\to-\infty}(y+2x)=\lim_{x\to-\infty}\left(1+x+\sqrt{\frac{x^3}{3+x}}\right)=\lim_{x\to-\infty}\left(1+\frac{x^2-\dfrac{x^3}{3+x}}{x\left(1-\sqrt{\dfrac{x}{3+x}}\right)}\right)$$

$$=1+\lim_{x\to+\infty}\frac{\dfrac{3x^2}{3+x}}{x\left(1+\sqrt{\dfrac{x}{3+x}}\right)}=\frac{5}{2},$$

因此斜渐近线为 $y=-2x+\dfrac{5}{2}$.

A 类题

1. 确定下列函数的单调区间：

(1) $y=2x^3-6x^2-18x-7$;

(2) $y=\ln(x+\sqrt{1+x^2})$;

(3) $y=x^n \mathrm{e}^{-x}\ (n>0, x\geqslant 0)$;

(4) $y=x+|\sin 2x|$.

2. 求下列函数的一切临界点，并利用一阶导数判定这些临界点是否为极大值点或极小值点：

(1) $f(x)=2x^3+3x^2-36x+5$;

(2) $f(x)=\dfrac{x}{x^2+1}$.

3. 求下列函数图形的拐点及凹凸区间：

(1) $y = x e^{-x}$；

(2) $y = x + \sin x$.

4. 求曲线 $x = a\cos^3 t, y = a\sin^3 t$ 在 $t = t_0$ 相应点处的曲率.

5. 证明下列不等式：

(1) $\sin x > \dfrac{2}{\pi} x \quad (0 < x < \dfrac{\pi}{2})$；

(2) $\ln(1+x) > \dfrac{\arctan x}{1+x} \quad (x > 0)$.

6. 设函数 $f(x)$ 在 $[0, a]$ $(a > 0)$ 上二阶可导，且 $f''(x) > 0$, $f(0) = 0$，证明 $\varphi(x) = \dfrac{f(x)}{x}$ 在 $[0, a]$ 上单调增加.

7. 讨论函数 $y = x - \dfrac{1}{x^2}$ 的形态，并作出其图形.

B 类题

1. 选择题

(1) 当 a 取何值时,函数 $f(x)=2x^3-9x^2+12x-a$ 恰有两个不同的零点?(　　)

(A) 8　　　(B) 6　　　(C) 4　　　(D) 2

(2) 设函数 $f(x)$ 的导数在 $x=a$ 处连续,且 $\lim\limits_{x\to a}\dfrac{f'(x)}{x-a}=-1$,则(　　).

(A) $x=a$ 为 $f(x)$ 的极小值点　　　　(B) $x=a$ 为 $f(x)$ 的极大值点

(C) $(a,f(a))$ 为曲线 $y=f(x)$ 的拐点

(D) $x=a$ 既不是 $f(x)$ 的极值点,$(a,f(a))$ 也不是曲线 $y=f(x)$ 的拐点

(3) 曲线 $y=(2+x)\mathrm{e}^{1/x}$ 的渐近线是(　　).

(A) $x=0$　　(B) $x=1$　　(C) $y=0$　　(D) $y=x+3$

(4) 设函数 $f(x)$ 在点 $x=0$ 的某邻域内有连续的二阶导数,且 $f'(0)=f''(0)=0$,则(　　).

(A) $f(0)=0$　　　　　　(B) 点 $(0,f(0))$ 是曲线 $y=f(x)$ 的拐点

(C) 当 $\lim\limits_{x\to 0}\dfrac{f''(x)}{\cos x}=1$ 时,$(0,f(0))$ 是拐点

(D) 当 $\lim\limits_{x\to 0}\dfrac{f''(x)}{\sin x}=1$ 时,$(0,f(0))$ 是拐点

2. 证明方程 $\ln x=\dfrac{x}{\mathrm{e}}-2\sqrt{2}$ 有且仅有两个不同的正根.

3. 利用函数的凹凸性证明不等式：

(1) $\dfrac{x^n+y^n}{2} > \left(\dfrac{x+y}{2}\right)^n$ $(n>1, x, y>0, x\neq y)$；

(2) $\ln\dfrac{a+b}{2} > \dfrac{\ln a+\ln b}{2}$ $(a, b>0)$.

4. 试问 a 为何值时，函数 $f(x)=a\sin x+\dfrac{1}{3}\sin 3x$ 在 $x=\dfrac{\pi}{3}$ 处取得极值？它是极大值还是极小值？并求此极值.

5. 试确定一个三次多项式 $f(x)$，使曲线 $y=f(x)$ 在 $x=0$ 处有极值 $y=0$，且 $(1,1)$ 是拐点.

6. 对数函数 $y=\ln x$ 上哪一点处的曲率半径最小？求出该点处的曲率半径.

7. 设函数 $y=f(x)$ 在 $x=x_0$ 的某邻域内具有三阶连续导数,若 $f'(x_0)=f''(x_0)=0$,$f'''(x_0)\neq 0$,问 $x=x_0$ 是否为极值点?是否为拐点?请说明理由.

第五节 函数的最值及其应用

会求解较简单的最大值与最小值的应用问题.

1. 函数最值的定义及求法;
2. 利用函数的最值求解实际问题.

例 1 求函数 $f(x)=|x^2-3x+2|$ 在区间 $[-4,4]$ 上的最大最小值.

分析 求得区间内部的极值点与区间端点处的函数值,从而得到最大最小值.

解 (1)因为在区间 $[-4,4]$ 上有 $f(x)\geqslant 0$,因此在区间 $[-4,4]$ 上使得 $x^2-3x+2=0$ 的点为函数的最小值点,即当 $x=1$ 和 $x=2$ 时,函数取得最小值为 0.

(2) $f'(x)=\begin{cases} 2x-3, & 2<x<4, \\ 2x-3, & -4<x<1, \\ -(2x-3), & 1\leqslant x\leqslant 2, \end{cases}$ 求得驻点 $x=\dfrac{3}{2}$. 当 $x<\dfrac{3}{2}$ 时, $f'(x)>0$; 当 $x>\dfrac{3}{2}$ 时, $f'(x)<0$,因此当 $x=\dfrac{3}{2}$ 时取得极大值. 故函数的最大值为 $\max\{f(\dfrac{3}{2}),f(-4),f(4)\}=30$.

例 2 房地产公司有 50 套公寓要出租. 当月租金为 4000 元时,公寓会全部租出去,当月租金每增加 200 元时,就会多一套公寓租不出去,而租出去的公寓平均每个月需花费 400 元的维修费,试问房租定多少时可获得最大收入?

分析 该题为典型的利用最大最小值解决实际问题的例子.

解 设每个月的房租为 x 元,$x \geqslant 4000$,则租不出去的公寓数为 $\dfrac{x-4000}{200} = \dfrac{x}{200} - 20$,租出去的数量为 $70 - \dfrac{x}{200}$,租出去的公寓每套获利为 $(x-400)$ 元,故总利润为

$$y = \left(70 - \dfrac{x}{200}\right)(x - 400) = -\dfrac{x^2}{200} + 72x - 28000,$$

由

$$y' = -\dfrac{x}{100} + 72 \text{ 及 } y'' = -\dfrac{1}{100}$$

可知驻点 $x = 7200$ 为极大值点,又由于驻点唯一,故为最大值点.因此每个月的房租价格为 7200 元时,获利最大.

A 类题

1.求函数的最大值、最小值:

(1) $y = x^4 - 8x^2 + 2, -1 \leqslant x \leqslant 3$;

(2) $y = x^x, 0.1 \leqslant x < +\infty$.

2.函数 $y = \dfrac{x}{x^2 + 1}(x \geqslant 0)$ 在何处取得最大值?

3.周长为 a 的铁丝切成两段,一段围成正方形,另一段围成圆形,问这两段铁丝各为多长时,正方形和圆形面积之和最小?

4. 求从点 $M(p,p)$ 到抛物线 $y^2=2px$ 的最短距离.

B 类题

1. 在椭圆 $\dfrac{x^2}{a^2}+\dfrac{y^2}{b^2}=1$ 的第一象限部分求一点 P，使该点处的切线与两坐标轴所围图形的面积最小（其中 $a>0, b>0$）.

2. 在某产品的制造过程中，次品率 y 依赖于日产量 x，即 $y=y(x)$. 已知
$$y(x)=\begin{cases} \dfrac{1}{101-x}, & 0 \leqslant x \leqslant 100, \\ 1, & x>100, \end{cases}$$
其中 x 为正整数. 又该厂每生产出一件正品可盈利 A 元，但每生产出一件次品就要损失 $\dfrac{A}{3}$ 元. 为了获得最大盈利，该厂的日产量应定为多少？

第三章 一元函数定积分

第一节 定积分的概念和性质、可积准则

理解定积分的定义和几何意义,会用定积分的定义计算简单函数的定积分;掌握定积分的基本性质和积分中值定理;了解定积分的可积函数类.

1. 积分和、Riemann 可积、积分区间、积分变量、被积函数等概念;
2. 定积分的几何意义.
3. 定积分的线性性质、非负性、单调性、区间可加性等性质;
4. 积分中值定理及其推论.
5. 闭区间上的连续函数是可积的;
6. 其他类型的闭区间上的函数,比如有界且只有有限个间断点的函数、分段连续函数、单调有界函数等在闭区间上也是可积的.

例 1 在区间 $[a,b]$ 上,$f(x)>0, f'(x)<0, f''(x)>0$,令 $S_1=\int_a^b f(x)\mathrm{d}x$,$S_2=f(b)(b-a)$,$S_3=\dfrac{1}{2}[f(a)+f(b)](b-a)$,则(   ).

(A) $S_1<S_2<S_3$ (B) $S_2<S_1<S_3$

(C) $S_1<S_3<S_2$ (D) $S_3<S_2<S_1$

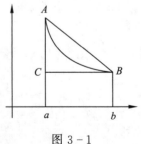

图 3-1

分析 利用定积分的几何意义.

解 如图 3-1,设 S_1 表示曲边梯形 $AabB$ 的面积,S_2

表示矩形 $CabB$ 的面积,S_3 表示梯形 $AabB$ 的面积,显然 $S_2 < S_1 < S_3$,故选(B).

例 2 极限 $\lim\limits_{n\to\infty}\ln\sqrt[n]{(1+\frac{1}{n})^2(1+\frac{2}{n})^2\cdots(1+\frac{n}{n})^2}$ 等于( ).

(A) $\int_1^2 \ln^2 x\, dx$ (B) $2\int_1^2 \ln x\, dx$ (C) $2\int_1^2 \ln(1+x)\, dx$ (D) $2\int_1^2 \ln^2(1+x)\, dx$

分析 利用定积分的定义.

解 原式 $= 2\lim\limits_{n\to\infty}\sum\limits_{i=1}^{n}\ln(1+\frac{i}{n})\frac{1}{n} = 2\int_0^1 \ln(1+x)\, dx = 2\int_1^2 \ln x\, dx$. 故选(B).

例 3 证明不等式 $\dfrac{\pi}{2} < \int_0^{\pi/2} \dfrac{dx}{\sqrt{1-\frac{1}{2}\sin^2 x}} < \dfrac{\pi}{\sqrt{2}}$.

分析 利用定积分的单调性,通过估计被积函数的上下界,得到定积分的估计.

证明 设 $f(x) = \dfrac{1}{\sqrt{1-\frac{1}{2}\sin^2 x}}$, $x \in [0, \dfrac{\pi}{2}]$,则有 $f(0) < f(x) < f(\dfrac{\pi}{2})$. 而 $f(0) = 1$,

$f(\dfrac{\pi}{2}) = \sqrt{2}$, 故 $\int_0^{\pi/2} dx < \int_0^{\pi/2} f(x)\, dx < \int_0^{\pi/2} \sqrt{2}\, dx$, 即 $\dfrac{\pi}{2} < \int_0^{\pi/2} \dfrac{dx}{\sqrt{1-\frac{1}{2}\sin^2 x}} < \dfrac{\pi}{\sqrt{2}}$.

例 4 证明:若函数 $f(x)$ 在 $[a,b]$ 上连续,且

$$\int_a^b f(x)\, dx = \int_a^b xf(x)\, dx = 0,$$

则在 (a,b) 内至少存在两点 x_1, x_2,使得 $f(x_1) = f(x_2) = 0$.

分析 可以利用积分中值定理得到一个零点,再考虑利用第二个等式分析另外一个零点的存在性.

证明 因为 $f(x)$ 在 $[a,b]$ 上连续,且 $\int_a^b f(x)\, dx = 0$,则至少存在一点 $x_1 \in (a,b)$,使得

$$f(x_1) = \frac{1}{b-a}\int_a^b f(x)\, dx = 0,$$

若只有这一个零点,则

$$f(x) > 0, x \in (a, x_1); \quad f(x) < 0, x \in (x_1, b).$$

这时设 $g(x) = (x-x_1)f(x)$,则 $g(x) \leq 0, x \in (a,b)$,且 $g(x_1) = 0$. 故

$$0 > \int_a^b g(x)\,dx = \int_a^b x f(x)\,dx - x_1 \int_a^b f(x)\,dx = 0$$

矛盾,所以 $f(x)$ 在 (a,b) 内至少还有一个其他的零点.

A 类题

1. 将区间 $[-2,3]$ 分成 n 个相等的小区间,并取这些小区间中点的横坐标作自变量 $\xi_i (i=1,2,\cdots,n)$ 的值,试写出函数 $f(x)$ 在此区间上的积分和 σ_n.

2. 利用定积分的几何意义求:

(1) $\int_0^1 x\,dx$;

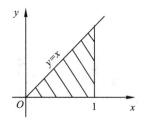

(2) $\int_{-a}^{a} \sqrt{a^2-x^2}\,dx$.

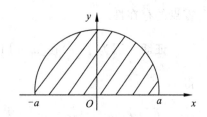

3. 比较 $\int_0^1 e^x dx$ 与 $\int_0^1 e^{x^2} dx$，$\int_0^1 \dfrac{x}{1+x} dx$ 与 $\int_0^1 \ln(1+x) dx$ 的大小.

4. 估计下列积分值：

(1) $\int_1^4 (x^2+1) dx$；

(2) $\int_{\pi/4}^{5\pi/4} (1+\sin^2 x) dx$.

5. 计算 $\lim\limits_{x \to a} \dfrac{1}{x-a} \int_a^x f(t) dt$，其中 $f(x)$ 是连续函数.

B 类题

1. 用定积分的定义计算：

(1) $\int_a^b x \, dx \quad (a<b)$；

(2) $\int_a^b \dfrac{1}{x^2} dx \quad (0<a<b)$.

2. 利用定积分的几何意义，说明下列等式：

(1) $\int_{2\pi}^{3\pi} \sin x \, dx = \int_0^{\pi} \sin x \, dx$；

(2) $\int_{-\pi/2}^{\pi/2} \cos x \, dx = 2\int_0^{\pi/2} \cos x \, dx$.

3. 设函数 $f(x) \in C[0,1]$，在 $(0,1)$ 内可导，且 $3\int_{2/3}^{1} f(x) \, dx = f(0)$，证明存在 $c \in (0,1)$，使得 $f'(c) = 0$.

4. 设 a、$b > 0$，$f(x) > 0$ 且 $f(x)$ 在 $[-a,b]$ 上可积，又 $\int_{-a}^{b} x f(x) \, dx = 0$，求证：

$$\int_{-a}^{b} x^2 f(x) \, dx \leqslant ab \int_{-a}^{b} f(x) \, dx.$$

C 类题

1. 证明 $\ln(1+n) < 1 + \dfrac{1}{2} + \dfrac{1}{3} + \cdots + \dfrac{1}{n} < 1 + \ln n$.

2. 设函数 $f(x)$ 在 $[a,b]$ 上连续,且 $f(x)>0$,证明

$$\ln\left[\frac{1}{b-a}\int_a^b f(x)\mathrm{d}x\right] \geqslant \frac{1}{b-a}\int_a^b \ln f(x)\mathrm{d}x.$$

3. 设 $f(x)$ 在 $[0,1]$ 可导,且 $2\int_0^{1/2} xf(x)\mathrm{d}x = f(1)$,试证 $\exists \xi \in (0,1)$,使得 $f(\xi)+\xi f'(\xi)=0$.

第二节 微积分基本公式

掌握 Newton–Leibniz 公式,会利用该公式求解函数的定积分;掌握变限积分函数的求导法则;能将一些和式的极限转化为定积分,进而利用 Newton–Leibniz 公式求解.

1. 积分上限函数及其性质;
2. Newton–Leibniz 公式.

典型例题

例 1 设函数 $f(x)$ 连续,且 $f(0)\neq 0$,求极限 $\lim\limits_{x\to 0}\dfrac{\int_0^x (x-t)f(t)\mathrm{d}t}{x\int_0^x f(x-t)\mathrm{d}t}$.

分析 含有变上限积分的未定式极限通常用 L'Hospital 法则.注意到被积函数中含有变量 x,需要先作处理,化为标准的变上限积分后再求导.

解 对于分母中的定积分,令 $x-t=u$,则分母为 $x\int_0^x f(u)\mathrm{d}u$.

$$\text{原式}=\lim_{x\to 0}\frac{x\int_0^x f(t)\mathrm{d}t-\int_0^x tf(t)\mathrm{d}t}{x\int_0^x f(x-t)\mathrm{d}t}=\lim_{x\to 0}\frac{x\int_0^x f(t)\mathrm{d}t-\int_0^x tf(t)\mathrm{d}t}{x\int_0^x f(u)\mathrm{d}u}$$

$$=\lim_{x\to 0}\frac{\int_0^x f(t)\mathrm{d}t+xf(x)-xf(x)}{\int_0^x f(u)\mathrm{d}u+xf(x)}$$

由积分中值定理,存在 $\xi\in(0,x)$,使得 $\int_0^x f(t)\mathrm{d}t=xf(\xi)$,则

$$\text{原式}=\lim_{x\to 0}\frac{xf(\xi)}{xf(\xi)+xf(x)}=\frac{f(0)}{f(0)+f(0)}=\frac{1}{2}.$$

例 2 利用定积分求极限 $\lim\limits_{n\to\infty}\dfrac{1}{n^4}(1+2^3+\cdots+n^3)$.

分析 可以利用定积分的定义,对照 Riemann 和的形式,将上述和式的极限转化为定积分.

解 令函数 $f(x)=x^3, x\in[0,1]$. 将 $[0,1]$ n 等分,即 $x_i=\dfrac{i}{n}$,$\Delta x_i=\dfrac{1}{n}$,取 $\xi_i=\dfrac{i}{n}$ $(i=1,2,\cdots,n)$,令 $\lambda=\max\limits_{0\leqslant i\leqslant n}\Delta x_i$,则

$$\lim_{n\to\infty}\frac{1}{n^4}(1+2^3+\cdots+n^3)=\lim_{n\to\infty}\sum_{i=1}^n\left(\frac{i}{n}\right)^3\frac{1}{n}$$

$$=\lim_{\lambda\to 0}\sum_{i=1}^n f(\xi_i)\Delta x_i=\int_0^1 x^3\mathrm{d}x=\frac{1}{4}x^4\Big|_0^1=\frac{1}{4}.$$

例 3 设 $f(x)$ 连续,$\varphi(x)=\int_0^1 f(xt)\mathrm{d}t$,且 $\lim\limits_{x\to 0}\dfrac{f(x)}{x}=A$($A$ 为常数),求 $\varphi'(x)$,并讨论 $\varphi'(x)$ 在 $x=0$ 处的连续性.

分析 可以通过换元将 $\varphi(x)$ 的表达式化为变上限的积分,再利用变上限的积分求导得到 $\varphi'(x)$,最后根据题目条件判断其连续性.

解 由 $\lim\limits_{x\to 0}\dfrac{f(x)}{x}=A$,分母 $x\to 0$,分子极限 $f(0)=0$,从而 $\varphi(0)=\int_0^1 f(0)\mathrm{d}t=0$.

当 $x\neq 0$,令 $u=xt$,$\varphi(x)=\dfrac{1}{x}\int_0^x f(u)\mathrm{d}u\Rightarrow\varphi'(x)=\dfrac{xf(x)-\int_0^x f(u)\mathrm{d}u}{x^2}$;

当 $x=0$,$\varphi'(0)=\lim\limits_{x\to 0}\dfrac{\varphi(x)-\varphi(0)}{x}=\lim\limits_{x\to 0}\dfrac{\int_0^x f(u)\mathrm{d}u}{x^2}=\lim\limits_{x\to 0}\dfrac{f(x)}{2x}=\dfrac{A}{2}$. 所以

$$\varphi'(x) = \begin{cases} \dfrac{xf(x) - \int_0^x f(u)\,du}{x^2}, & x \neq 0, \\ \dfrac{A}{2}, & x = 0. \end{cases}$$

又 $\lim\limits_{x \to 0} \varphi'(x) = \lim\limits_{x \to 0} \dfrac{xf(x) - \int_0^x f(u)\,du}{x^2} = \lim\limits_{x \to 0}\left[\dfrac{f(x)}{x} - \dfrac{\int_0^x f(u)\,du}{x^2}\right] = A - \dfrac{A}{2} = \varphi'(0),$

所以 $\varphi'(x)$ 在 $x = 0$ 处连续.

A 类题

1. 计算下列各题:

(1) $\lim\limits_{x \to 0} \dfrac{\int_0^x \cos t^2\,dt}{x}$;

(2) $\lim\limits_{x \to +\infty} \dfrac{\int_0^x (\arctan t)^2\,dt}{\sqrt{x^2+1}}$;

(2) $\dfrac{d}{dx}\int_0^{x^2} \sqrt{1+t^2}\,dt$;

(4) $\dfrac{d}{dx}\int_0^{x^2} \sqrt{x}\cos t^2\,dt$.

2. 当 $x = 0$ 及 $x = \dfrac{\pi}{4}$ 时,求函数 $y = \int_0^x \sin t\,dt$ 的导数.

3. 求由参数表达式 $x = \int_0^t \sin u\,du, y = \int_0^t \cos u\,du$ 所确定函数 y 对 x 的导数.

4. 求由 $\int_0^y e^{-t^2} dt + \int_0^x \cos(t^2) dt = 0$ 所确定的隐函数 y 对 x 的导数 $\dfrac{dy}{dx}$.

5. 当 x 为何值时，函数 $I(x) = \int_0^x t e^{-t^2} dt$ 有极值？

6. 计算下列积分：

(1) $\int_4^9 \sqrt{x}(1+\sqrt{x}) dx$;

(2) $\int_{-1/2}^{1/2} \dfrac{dx}{\sqrt{1-x^2}}$;

(3) $\int_1^e \dfrac{1+\ln x}{x} dx$;

(4) $\int_{-1}^0 \dfrac{3x^4+3x^2+1}{x^2+1} dx$;

(5) $\int_0^{\pi/4} \tan^2\theta\, d\theta$;

(6) $\int_0^{2\pi} |\sin x|\, dx$;

(7) $f(x)=\begin{cases} x+1, & x \leqslant 1, \\ \dfrac{x^2}{2}, & x>1. \end{cases}$ 求 $\int_0^2 f(x)\mathrm{d}x$;

(8) $\int_{1/e}^{e} |\ln x|\,\mathrm{d}x$;

(9) $\int_{-2}^{-\sqrt{2}} \dfrac{\mathrm{d}x}{x\sqrt{x^2-1}}$;

(10) $\int_{-2}^{2} \max\{x, x^2\}\mathrm{d}x$.

7. 设 k 及 l 为正整数,且 $k \neq l$,证明下列各式:

(1) $\int_{-\pi}^{\pi} \cos^2 kx\,\mathrm{d}x = \pi$;

(2) $\int_{-\pi}^{\pi} \cos kx \cos lx\,\mathrm{d}x = 0$;

(3) $\int_{-\pi}^{\pi} \cos kx \sin lx\,\mathrm{d}x = 0$.

B 类题

1. 已知 $\lim\limits_{x \to 0} \dfrac{1}{bx - \sin x} \int_0^x \dfrac{t^2}{\sqrt{a+t}} dt = 1$，求 a, b 的值.

2. 求连续函数 $f(x)$，使它满足方程 $\int_0^1 f(tx) dt = f(x) + x \sin x$.

3. 设 $f(x)$ 在 $[a,b]$ 上二阶可导且 $f''(x) \geqslant 0$，$\forall x \in [a,b]$，证明 $f(\dfrac{a+b}{2}) \leqslant \dfrac{1}{b-a} \int_a^b f(x) dx$.

4. 讨论函数 $f(x) = \begin{cases} \dfrac{\sin 2(e^x - 1)}{e^x - 1}, & x > 0 \\ 2, & x = 0 \\ \dfrac{1}{x} \int_0^x \cos^2 t \, dt, & x < 0 \end{cases}$ 的连续性.

5. 设 $f(x)$ 是 $[0,+\infty)$ 上取正值的连续函数，证明函数 $F(x) = \dfrac{\int_0^x tf(t)\mathrm{d}t}{\int_0^x f(t)\mathrm{d}t}$ 在 $(0,+\infty)$ 内单调增加.

6. 求 $y = \int_0^x (1+t)\arctan t\, \mathrm{d}t$ 的极小值.

C 类题

1. 利用定积分证明 $\lim\limits_{n\to\infty} \dfrac{\sqrt[n]{n!}}{n} = \dfrac{1}{\mathrm{e}}$.

2. 设 $f(x) = \begin{cases} x^2, & x \in [0,1], \\ x, & x \in [1,2]. \end{cases}$ 求 $\varphi(x) = \int_0^x f(t)\mathrm{d}t$ 在 $[0,2]$ 上的表达式，并讨论 $\varphi(x)$ 在 $(0,2)$ 内的连续性.

3. 设 $f(x)=\int_0^x (t-t^2)\sin^{2n}t\,dt$，其中 $x\geqslant 0, n$ 为正整数，证明 $f(x)\leqslant \dfrac{1}{(2n+2)(2n+3)}$.

4. 设函数 $f(x)$ 在闭区间 $[a,b]$ 上有连续的一阶导数，$f(a)=f(b)=0$，证明
$$\max_{a\leqslant x\leqslant b}|f'(x)|\geqslant \dfrac{4}{(b-a)^2}\int_a^b |f(x)|\,dx.$$

第三节　定积分的计算

掌握定积分基本积分表中的积分公式以及求定积分的换元法与分部积分法，会利用奇偶性和周期性化简计算一些特殊函数的定积分；会利用递推公式计算含有自然数 n 的定积分．

1. 定积分的换元法和分部积分法；
2. 分段函数的定积分；
3. 奇偶函数和周期函数定积分的简便计算方法；
4. 利用递推方法计算含有参数 n 的定积分．

例 1　计算定积分

(1) $\int_0^{\pi/2} \cos^5 x\sin 2x\,dx$；

(2) $\int_0^1 \dfrac{dx}{(x^2-x+1)^{3/2}}$；

(3) $\int_0^{\pi/4} \dfrac{x\,\mathrm{d}x}{1+\cos 2x}$; (4) $\int_0^{\pi} \sqrt{1-\sin x}\,\mathrm{d}x$.

分析 对具体函数的定积分进行计算时,首先要观察被积函数的形式,采用合适的方法进行积分.

解 (1)利用第一类换元法可得

$$\int_0^{\pi/2} \cos^5 x \sin 2x\,\mathrm{d}x = 2\int_0^{\pi/2} \cos^5 x \sin x \cos x\,\mathrm{d}x = 2\int_0^{\pi/2} \cos^6 x\,\mathrm{d}\cos x$$

$$= -2\cdot\dfrac{1}{7}\cos^7 x\Big|_0^{\pi/2} = \dfrac{2}{7}.$$

(2)令 $x-\dfrac{1}{2}=\dfrac{\sqrt{3}}{2}\tan t$,则 $\mathrm{d}x=\dfrac{\sqrt{3}}{2}\sec^2 t\,\mathrm{d}t$,$|t|\leqslant \dfrac{\pi}{6}$,由第二类换元法可得

$$\text{原式} = \int_0^1 \dfrac{\mathrm{d}x}{\left[\left(x-\dfrac{1}{2}\right)^2+\left(\dfrac{\sqrt{3}}{2}\right)^2\right]^{3/2}} = \int_{-\pi/6}^{\pi/6} \dfrac{\dfrac{\sqrt{3}}{2}\sec^2 t}{\left(\dfrac{\sqrt{3}}{2}\sec t\right)^3}\mathrm{d}t$$

$$= \dfrac{4}{3}\int_{-\pi/6}^{\pi/6}\cos t\,\mathrm{d}t = \dfrac{4}{3}\sin t\Big|_{-\pi/6}^{\pi/6} = \dfrac{4}{3}.$$

(3)由分部积分法可得

$$\text{原式} = \int_0^{\pi/4} \dfrac{x\,\mathrm{d}x}{2\cos^2 x} = \dfrac{1}{2}\int_0^{\pi/4} x\,\mathrm{d}\tan x = \dfrac{1}{2}x\tan x\Big|_0^{\pi/4} - \dfrac{1}{2}\int_0^{\pi/4}\tan x\,\mathrm{d}x$$

$$= \dfrac{\pi}{8} + \dfrac{1}{2}\ln|\cos x|\Big|_0^{\pi/4} = \dfrac{\pi}{8} - \dfrac{1}{4}\ln 2.$$

(4)原式 $= \int_0^{\pi}\sqrt{\left(\sin\dfrac{x}{2}-\cos\dfrac{x}{2}\right)^2}\,\mathrm{d}x = \int_0^{\pi}\left|\sin\dfrac{x}{2}-\cos\dfrac{x}{2}\right|\mathrm{d}x$

$$= \int_0^{\pi/2}\left(\cos\dfrac{x}{2}-\sin\dfrac{x}{2}\right)\mathrm{d}x + \int_{\pi/2}^{\pi}\left(\sin\dfrac{x}{2}-\cos\dfrac{x}{2}\right)\mathrm{d}x = 4(\sqrt{2}-1).$$

例2 计算(1) $\int_{-\pi/2}^{\pi/2}(x^3+\sin^2 x)\cos^2 x\,\mathrm{d}x$; (2) $\int_{-1}^{1}(|x|+x)\mathrm{e}^{-|x|}\,\mathrm{d}x$.

分析 关于原点对称的区间上奇偶函数的积分可以利用"偶倍奇零"的性质计算.

解 (1)注意到 $x^3\cos^2 x$ 是奇函数,且积分区间关于原点对称,从而

$$\text{原式} = \int_{-\pi/2}^{\pi/2} x^3\cos^2 x\,\mathrm{d}x + \int_{-\pi/2}^{\pi/2}\sin^2 x\cos^2 x\,\mathrm{d}x = \dfrac{1}{2}\int_0^{\pi/2}\sin^2 2x\,\mathrm{d}x$$

$$= \dfrac{1}{2}\int_0^{\pi/2}\dfrac{1-\cos 4x}{2}\mathrm{d}x = \dfrac{\pi}{8}.$$

(2) 注意到 $xe^{-|x|}$ 是奇函数，从而

原式 $=\int_{-1}^{1}|x|e^{-|x|}dx=2\int_{0}^{1}xe^{-x}dx=2(-xe^{-x}-e^{-x})\Big|_{0}^{1}=2(1-2e^{-1})$.

例3 设 $f(x),g(x)$ 在 $[a,b]$ 上连续，满足 $\int_{a}^{x}f(t)dt\geqslant\int_{a}^{x}g(t)dt,x\in[a,b]$. $\int_{a}^{b}f(t)dt=\int_{a}^{b}g(t)dt$. 求证：$\int_{a}^{b}xf(x)dx\leqslant\int_{a}^{b}xg(x)dx$.

分析 对于定积分类型的证明题，可以尝试利用定积分的分部积分法或换元法证明.

证明 令 $F(x)=f(x)-g(x),G(x)=\int_{a}^{x}F(t)dt$，由题设知，$G(x)\geqslant 0,G'(x)=F(x)$，从而，$\int_{a}^{b}xF(x)dx=\int_{a}^{b}xdG(x)=xG(x)\Big|_{a}^{b}-\int_{a}^{b}G(x)dx=-\int_{a}^{b}G(x)dx\leqslant 0$.

因此，$\int_{a}^{b}xf(x)dx\leqslant\int_{a}^{b}xg(x)dx$.

A 类题

1. 计算下列定积分：

(1) $\int_{0}^{1}\dfrac{dx}{x^{2}+2x+1}$;

(2) $\int_{-1}^{1}\sqrt{2-x}\,dx$;

(3) $\int_{0}^{a}x^{2}\sqrt{a^{2}-x^{2}}\,dx$;

(4) $\int_{0}^{\ln 2}\sqrt{e^{x}-1}\,dx$;

(5) $\int_2^3 \dfrac{\mathrm{d}x}{x^2\sqrt{x^2-1}}$;

(6) $\int_0^1 x^7\sqrt{1+x^4}\,\mathrm{d}x$;

(7) $\int_0^\pi \sin x(\cos x+5)^7\,\mathrm{d}x$;

(8) $\int_0^1 \dfrac{1}{\mathrm{e}^x+\mathrm{e}^{-x}}\,\mathrm{d}x$;

(9) $\int_1^{\mathrm{e}^2} \dfrac{\mathrm{d}x}{x\sqrt{1+\ln x}}$;

(10) $\int_0^\pi \sqrt{1+\cos 2x}\,\mathrm{d}x$.

2.利用函数的奇偶性计算下列积分：

(1) $\int_{-1/2}^{1/2} \dfrac{(\arcsin x)^2}{\sqrt{1-x^2}}\,\mathrm{d}x$;

(2) $\int_0^{2\pi} |x-\pi|\sin^5 x\,\mathrm{d}x$;

(3) $\int_{-3\pi/4}^{3\pi/4} (1+\arctan x)\sqrt{1+\cos 2x}\,\mathrm{d}x$.

3. 计算下列定积分：

(1) $\int_0^{e-1} \ln(x+1) dx$;

(2) $\int_0^1 x \arctan x^2 dx$;

(3) $\int_0^{\sqrt{3}/2} \arccos x \, dx$;

(4) $\int_0^{\pi} (x\sin x)^2 dx$;

(5) $\int_0^{\pi/4} \dfrac{x}{\cos^2 x} dx$;

(6) $\int_1^e \sin(\ln x) dx$;

(7) $\int_0^3 \arcsin \sqrt{\dfrac{x}{1+x}} dx$;

(8) $\int_0^1 e^{\sqrt{x}} dx$.

4. 证明：若函数 $f(x)$ 在闭区间 $[a,b]$ 内连续，则 $\int_a^b f(x) dx = (b-a)\int_0^1 f[a+(b-a)x] dx$.

5. 已知 $f(x) = e^{-x^2}$，求 $\int_0^1 f'(x) f''(x) dx$.

B 类题

1. 计算下列定积分：

(1) $\int_0^{a/\sqrt{2}} \dfrac{\mathrm{d}x}{(\sqrt{a^2-x^2})^3} \quad (a>0)$;

(2) $\int_1^{\sqrt{3}} \dfrac{\sqrt{1+x^2}}{x} \mathrm{d}x$;

(3) $\int_1^{16} \arctan\sqrt{\sqrt{x}-1}\, \mathrm{d}x$;

(4) $\int_0^1 \dfrac{x}{\mathrm{e}^x + \mathrm{e}^{1-x}} \mathrm{d}x$;

(5) $\int_0^{\pi/4} \ln(1+\tan x)\, \mathrm{d}x$;

(6) $\int_0^{1/2} x\ln\dfrac{1+x}{1-x}\, \mathrm{d}x$;

(7) $\int_0^{\pi/4} \dfrac{1-\sin 2x}{1+\sin 2x}\, \mathrm{d}x$.

2. 证明 $\int_0^{\pi/2} \sin^n x \cos^n x\, \mathrm{d}x = 2^{-n} \int_0^{\pi/2} \cos^n x\, \mathrm{d}x$（$n$ 为正整数）.

3. 设 $f(x)$ 在 $[a,b]$ 上有连续导数,试求 $\lim\limits_{\lambda\to\infty}\int_a^b f(x)\cos\lambda x\,dx$.

4. 设 $f_0(x)$ 为 $(-\infty,+\infty)$ 上的连续函数,$f_k(x)=\int_0^x f_{k-1}(t)dt\,(k=1,2,\cdots)$,证明

$$f_k(x)=\frac{1}{(k-1)!}\int_0^x(x-t)^{k-1}f_0(t)dt\quad(k=1,2,\cdots).$$

C 类题

1. 若 $I_n=\int_0^1 x^m(\ln x)^n dx$,求 I_n 之值. 其中 $m\neq-1$,n 为正整数.

2. 求 $\int_0^\pi \sin^{n-1}x\cos(n+1)x\,dx$.

3. 设 $f(x)$ 在 $[0,\frac{\pi}{2}]$ 上连续,且满足 $f(x)=x\cos x+\int_0^{\pi/2}f(t)\mathrm{d}t$,求 $f(x)$.

4. 设函数 $f(x)$ 存在非负的二阶导数,且 $u(t)$ 为连续函数,证明 $\frac{1}{a}\int_0^a f(u(t))\mathrm{d}t \geqslant f\left(\frac{1}{a}\int_0^a u(t)\mathrm{d}t\right)(a>0)$.

第四节 反常积分

理解两类反常积分收敛性的概念,会利用比较审敛法和极限审敛法判别反常积分的收敛性.

1. 无穷区间上的反常积分和无界函数的反常积分;
2. 绝对收敛和条件收敛;
3. 比较审敛法和极限审敛法.

例 1 判别下列反常积分是否收敛?若收敛,则求其值.

(1) $\int_0^{+\infty} x\mathrm{e}^{-x^2}\mathrm{d}x$;

(2) $\int_0^1 \sqrt{\frac{x}{1-x}}\mathrm{d}x$.

分析 当被积函数比较简单,可以求出积分值的时候,可以直接利用定义判断反常积分是否收敛.

解 (1)原式 $= \lim\limits_{b\to+\infty}\int_0^b x\,\mathrm{e}^{-x^2}\mathrm{d}x = -\frac{1}{2}\lim\limits_{b\to+\infty}\int_0^b \mathrm{e}^{-x^2}\mathrm{d}x^2 = -\frac{1}{2}\lim\limits_{b\to+\infty}\mathrm{e}^{-x^2}\Big|_0^b$

$= -\frac{1}{2}\lim\limits_{b\to+\infty}(\mathrm{e}^{-b^2}-\mathrm{e}^0) = \frac{1}{2}.$

(2)令 $t = \sqrt{\dfrac{x}{1-x}}$,则 $x = \dfrac{t^2}{t^2+1}$,$\mathrm{d}x = \dfrac{2t}{(t^2+1)^2}\mathrm{d}t$,

原式 $= \lim\limits_{a\to 1^-}\int_0^a \sqrt{\dfrac{x}{1-x}}\mathrm{d}x = \lim\limits_{a\to 1^-}\int_0^{\sqrt{\frac{a}{1-a}}} t\cdot\dfrac{2t}{(1+t^2)^2}\mathrm{d}x$

$= \lim\limits_{a\to 1^-}\left(-\dfrac{t}{1+t^2}+\arctan t\right)\Big|_0^{\sqrt{\frac{a}{1-a}}} = \dfrac{\pi}{2}.$

例 2 讨论下列反常积分的收敛性.

(1) $\int_1^{+\infty}\dfrac{x\arctan x}{1+x^3}\mathrm{d}x$; (2) $\int_0^{\pi/2}\dfrac{1-\cos x}{x^m}\mathrm{d}x$; (3) $\int_0^{+\infty}\dfrac{\sin x}{1+x^2}\mathrm{d}x.$

分析 有些反常积分无法直接用定义判别其收敛性,此时可以利用相关的审敛法进行判别.

解 (1)因为 $\lim\limits_{x\to+\infty}x^2\dfrac{x\arctan x}{1+x^3} = \dfrac{\pi}{2}$,所以原积分与 $\int_1^{+\infty}\dfrac{1}{x^2}\mathrm{d}x$ 敛散性相同,因为 $\int_1^{+\infty}\dfrac{1}{x^2}\mathrm{d}x$ 收敛,所以 $\int_1^{+\infty}\dfrac{x\arctan x}{1+x^3}\mathrm{d}x$ 收敛.

(2)因为 $x = 1$ 是暇点,而

$$\lim\limits_{x\to 0^+}x^{m-2}\dfrac{1-\cos x}{x^m} = \lim\limits_{x\to 0^+}\dfrac{1-\cos x}{x^2} = \dfrac{1}{2},$$

因此,原积分与 $\int_0^{\pi/2}\dfrac{1}{x^{m-2}}\mathrm{d}x$ 同敛散,故当 $m<3$ 时,原积分收敛,当 $m\geqslant 3$ 时发散.

(3)因为 $\left|\dfrac{\sin x}{1+x^2}\right| \leqslant \dfrac{1}{1+x^2}$,而 $\int_0^{+\infty}\dfrac{1}{1+x^2}\mathrm{d}x$ 是收敛的,从而 $\int_0^{+\infty}\dfrac{\sin x}{1+x^2}\mathrm{d}x$ 收敛,而且绝对收敛.

A 类题

1. 用定义判别下列反常积分的敛散性. 若积分收敛,计算其积分的值:

(1) $\int_1^{+\infty} \dfrac{x\,\mathrm{d}x}{\mathrm{e}^x}$;

(2) $\int_1^{\mathrm{e}} \dfrac{\mathrm{d}x}{x\sqrt{1-(\ln x)^2}}$;

(3) $\int_0^4 \dfrac{\mathrm{d}x}{\sqrt{16-x^2}}$;

(4) $\int_0^1 \dfrac{\mathrm{d}x}{(2-x)\sqrt{1-x}}$;

(5) $\int_0^{\pi} \dfrac{1}{\sqrt{x}}\mathrm{e}^{-\sqrt{x}}\,\mathrm{d}x$;

(6) $\int_0^{+\infty} \dfrac{\arctan x}{(1+x^2)^{3/2}}\,\mathrm{d}x$;

(7) $\int_1^{+\infty} \mathrm{e}^x \sin x\,\mathrm{d}x$;

(8) $\int_{-1}^{1} \dfrac{\mathrm{d}x}{x}$;

(9) $\int_1^{+\infty} \dfrac{\mathrm{d}x}{x\sqrt{x-1}}$;

(10) $\int_1^{+\infty} \dfrac{\mathrm{d}x}{x^2(x+1)}$.

2. 已知 $\int_{-\infty}^{+\infty} e^{-x^2} dx = \sqrt{\pi}$，且 $\int_{-\infty}^{+\infty} A e^{-x^2-x} dx = 1$，求 A.

B 类题

1. 判别下列反常积分的敛散性. 若积分收敛，计算其积分的值：

(1) $\int_0^{+\infty} \dfrac{x \ln x \, dx}{(1+x^2)^2}$；

(2) $\int_1^{+\infty} \dfrac{(\ln x)^2}{x^2} dx$；

(3) $\int_{-\infty}^{+\infty} \dfrac{dx}{x\sqrt{1+x^2}}$；

(4) $\int_0^{+\infty} x^n e^{-x} dx$；

(5) $\int_2^{+\infty} \dfrac{1}{x(\ln x)^k} dx \quad (k>1)$；

(6) $\int_0^{\pi} \dfrac{1}{1-\sin x} dx$.

2. 设反常积分 $\int_1^{+\infty} f^2(x) dx$ 收敛，证明反常积分 $\int_1^{+\infty} \dfrac{f(x)}{x} dx$ 绝对收敛.

C 类题

1. 讨论积分 $\int_1^{+\infty} \dfrac{1}{x^p (\ln x)^q} \mathrm{d}x$ 的敛散性，其中 p、q 为常数.

2. 求极限 $\lim\limits_{x \to 0^+} \dfrac{\int_x^{+\infty} t^{-1} \mathrm{e}^{-t} \mathrm{d}t}{\ln \dfrac{1}{x}}$.

3. 设函数 $f(x)$ 在 $(-\infty, +\infty)$ 上连续，且 $f(a+x) = f(a-x)$，$\int_{-\infty}^{+\infty} f(x) \mathrm{d}x = 1$，$\int_{-\infty}^{+\infty} x f(x) \mathrm{d}x$ 收敛，证明 $\int_{-\infty}^{+\infty} x f(x) \mathrm{d}x = a$.

第五节　定积分的应用

理解科学技术问题中建立定积分表达式的元素法（微元法）的思想，会建立某些简单几何量和物理量的积分表达式；掌握以下定积分的应用：①平面图形的面积；②旋转体的体积，平行截面面积为已知的立体的体积；③平面曲线的弧长.

1. 微元法；

2. 平面图形的面积；旋转体的体积，平行截面面积为已知的立体的体积；平面曲线的弧长.

典型例题

例1 抛物线 $y^2 = 2x$ 把圆 $x^2 + y^2 \leqslant 8$ 分成两部分,求这两部分面积之比.

分析 可以根据图形选取适当的积分变量.

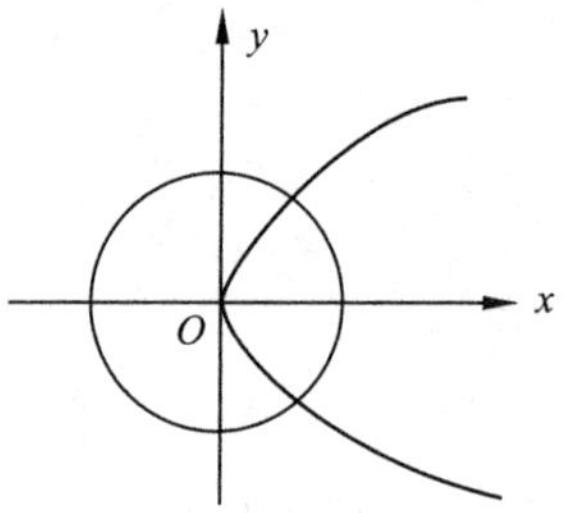

解 如图 3-2 所示,抛物线和圆在第一象限的交点为 $P_1(2,2)$,而 S_1 关于 x 轴是对称的,故

$$S_1 = 2\int_0^2 (\sqrt{8-y^2} - \frac{1}{2}y^2)\mathrm{d}y = 2\pi + \frac{4}{3}$$

而 $S_2 = 8\pi - S_1 = 6\pi - \frac{4}{3}$,因此,$\dfrac{S_1}{S_2} = \dfrac{2\pi + \dfrac{4}{3}}{6\pi - \dfrac{4}{3}} = \dfrac{3\pi + 2}{9\pi - 2}$.

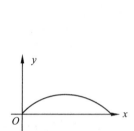

图 3-2

例2 求曲线 $\begin{cases} x = a(t - \sin t) \\ y = a(1 - \cos t) \end{cases}$ $(a > 0, 0 \leqslant t \leqslant 2\pi)$ 绕极轴旋转所围成立体的体积.

分析 对于参数方程描述的曲线,相关积分公式可以看做是直角坐标积分公式通过换元法得到的.

解 如图 3-3 所示,所求旋转体的体积为

$$V = \pi \int_0^{2\pi a} y^2 \mathrm{d}x = \pi \int_0^{2\pi} a^2 (1-\cos t)^2 \mathrm{d}(a(t-\sin t))$$

$$= \pi a^3 \int_0^{2\pi} (1-\cos t)^3 \mathrm{d}t = 5\pi^2 a^3$$

图 3-3

例3 求曲线 $r = a \sin^3 \dfrac{\theta}{3}$ $(a > 0, 0 \leqslant \theta \leqslant 3\pi)$ 的弧长.

分析 可以利用极坐标的弧长公式进行求解.

解 因为 $r'(\theta) = 3a \sin^2 \dfrac{\theta}{3} \cos \dfrac{\theta}{3} \cdot \dfrac{1}{3} = a \sin^2 \dfrac{\theta}{3} \cos \dfrac{\theta}{3}$,所以

$$s = \int_0^{3\pi} \sqrt{r'^2(\theta) + r^2(\theta)} \mathrm{d}\theta = \int_0^{3\pi} \sqrt{a^2 \sin^4 \dfrac{\theta}{3} \cos^2 \dfrac{\theta}{3} + a^2 \sin^6 \dfrac{\theta}{3}} \mathrm{d}\theta$$

$$= a \int_0^{3\pi} \sin^2 \dfrac{\theta}{3} \mathrm{d}\theta = \dfrac{3}{2} a\pi$$

A 类题

1. 求下列各曲线所围成的图形的面积:

   (1) $y = \sqrt{x}, y = 1, x = 4$;

(2) $y=\ln(2-x)$ 与 x 轴、y 轴所围成的图形；

(3) $\rho=2a\cos\theta\,(a>0)$；

(4) 闭曲线 $(x^2+y^2)^3=a^2(x^4+y^4)$ 所围的图形；

(5) 曲线 $\sqrt{\dfrac{x}{a}}+\sqrt{\dfrac{y}{b}}=1$ $(a,b>0)$ 与坐标轴所围成图形.

2. 求曲线 $r=a(1+\cos\theta)$ $(a>0)$ 绕极轴旋转所得旋转体的体积.

3. 计算底面是半径为 R 的圆,且垂直于底面上一条固定直径的所有截面都是等边三角形的立体体积.

4. 计算曲线 $y^2=2px$ 自点 $(0,0)$ 至点 $(\frac{p}{2},p)$ 的一段弧长.

B 类题

1. 直线 $y=x$ 将椭圆 $x^2+3y^2=6y$ 分成两块,设小块面积为 A,大块面积为 B,求 A/B.

2. 求曲线 $y=\sqrt{x}$ 的一条切线,使得曲线与该切线、直线 $x=0, x=2$ 所围成图形的面积最小.

3. 求曲线 $x^2+y^2=a^2$ 绕 $y=-a$ $(a>0)$ 旋转所得旋转体的体积.

C 类题

求通过(0,0)、(1,2)两点的抛物线,使它有下列性质:

(1)它的对称轴平行于 y 轴;

(2)它与 x 轴所围成的图形绕 x 轴旋转所得旋转体的体积最小.

参考答案

第一章 函数、极限、连续性(一)

第一节 集合与实数系

A 类题

1. 提示:利用定义 3.2 和定理 3.1.

2. (1) C; (2) B.

3. (1) $\{x\mid -1<x<3\},\{x\mid 2\leqslant x<+\infty\}$; (2) $O(1,3),O_o(0.2,0.05)$.

4. $\{(1,a),(1,b),(1,c),(2,a),(2,b),(2,c)\};\varnothing$.

5. (1) 5,0; (2) 2,-2.

B 类题

1. $x=y=-1$.

2. 3,-3.

C 类题

提示:利用定义 3.2.

第二节 映射与函数

A 类题

1. √;√;×.

2. (1) $1\leqslant x\leqslant 4$; (2) $(-\infty,0)\cup(0,2]$.

3. $f(-1)=3, f(0)=1, f(1)=5, f(x+1)=\begin{cases} 4x+5, & x\geqslant -1, \\ x^2+2x+3, & x<-1. \end{cases}$

4. (1) $f(x)=x^2-2$, $f(\sin x)=\sin^2 x-2$; (2) $g(x)=\ln(1-x)(x\leqslant 0)$;

   (3) $f\circ f(x)=\dfrac{x}{1-2x}$; $\underbrace{f\circ f\circ\cdots\circ f}_{n\uparrow f}(x)=\dfrac{x}{1-nx}$.

5. 提示:令 $f(x)=\varphi(\lambda x+k)$.

6. $y=\begin{cases} 8.9, & 0<x\leqslant 8, \\ 8.9+1.2(x-8), & 8<x\leqslant 16, \\ 8.9+1.2\times 8+1.8(x-16), & x>16. \end{cases}$ 图略.

B 类题

1. 提示:定义域不关于原点对称.

2. 提示：当 $|x|\leqslant 1$ 时，$|f(x)|=\dfrac{1+x^2}{1+x^4}\leqslant\dfrac{1+1}{1}=2$；当 $|x|>1$ 时，$|f(x)|=\dfrac{1+x^2}{1+x^4}\leqslant\dfrac{2x^2}{x^4}\leqslant\dfrac{2x^2}{x^2}=2$.

3. 提示：对任意的 $M>0$，都存在 $x_M=([M]+1)\pi\in(-\infty,+\infty)$，使得 $|f(x_M)|=|x_M\cos x_M|=|([M]+1)\pi|>M\pi>M$，所以函数 $y=x\cos x$ 在 $(-\infty,+\infty)$ 内无界.

第三节 数列的极限

A 类题

1. ×；×；×.

2. 必要；充分.

3. (1) 2； (2) $\dfrac{1}{2}$； (3) $\dfrac{1}{5}$.

B 类题

1. (1) $\dfrac{1}{2}$； (2) $\dfrac{3}{2}$； (3) $\lim\limits_{n\to\infty}\dfrac{a^n}{1+a^n}=\begin{cases}0, & 0\leqslant a<1,\\ \dfrac{1}{2}, & a=1,\\ 1, & a>1;\end{cases}$ (4) 1.

2. 提示：利用数列收敛的定义证明.

第四节 收敛数列的判别定理

A 类题

1. B.

2. (1) 1； (2) 0； (3) 7； (4) 1.

3. (1) e^{-1}； (2) e.

4. (1) 2； (2) $\sqrt{a}$； (3) 3.

B 类题

1. (1) 0； (2) 3； (3) $\dfrac{3}{2}$； (4) $\max\{a_1,a_2,\cdots,a_m\}$.

2. (1) $\lim\limits_{n\to\infty}x_n=\dfrac{1}{a}$； (2) $\lim\limits_{n\to\infty}x_n=\dfrac{1+\sqrt{5}}{2}$.

C 类题

$\lim\limits_{n\to\infty}x_n=0$.

第五节 函数的极限

A 类题

1. (1) $\dfrac{2}{3}$； (2) $\dfrac{1}{10}$； (3) $\dfrac{1}{4}$； (4) -1； (5) $\dfrac{2\sqrt{5}}{3}$； (6) $\dfrac{n(n+1)}{2}$.

2. (1) 由 $f(0+0) \neq f(0-0)$，可知 $\lim\limits_{x \to 0} f(x) = \lim\limits_{x \to 0} e^{1/x}$ 不存在.

(2) 由 $f[g(x)] = \sin g(x) = \begin{cases} \sin(x - \dfrac{\pi}{2}), & x \leqslant 0 \\ \sin(x + \dfrac{\pi}{2}), & x > 0 \end{cases}$ 可得 $f[g(0+0)] \neq f[g(0-0)]$，

故 $\lim\limits_{x \to 0} f[g(x)]$ 不存在.

B 类题

1. (1) 1； (2) 0； (3) 1.

2. -1.

3. $a = 1, b = -1$.

第二章 中值定理与导数的应用

第一节 微分中值定理

A 类题

1. 略. **2.** 略. **3.** 略. **4.** 利用 Lagrange 中值定理. **5.** 利用 Lagrange 中值定理.
6. 利用 Rolle 中值定理. **7.** 略. **8.** 略.

B 类题

1. 利用 Lagrange 中值定理. **2.** 利用零点存在定理和 Rolle 中值定理.

3. 利用 Rolle 中值定理. **4.** $c = \dfrac{1}{2}$. **5.** 利用 Lagrange 中值定理.

C 类题

1. 略. **2.** 略.

第二节 L'Hospital 法则

A 类题

(1) 5； (2) 1； (3) $\dfrac{\ln a}{6}$； (4) $-\dfrac{1}{8}$； (5) 1； (6) $-\dfrac{1}{2}$； (7) $e^{-1/2}$； (8) $\dfrac{1}{2}$；

(9) $\left(\dfrac{a}{b}\right)^2, b \neq 0$； (10) 0； (11) $-\dfrac{1}{6}$； (12) $\dfrac{2}{\pi}$； (13) 1； (14) 1.

B 类题

1. $\sqrt[n]{a_1 a_2 \cdots a_n}$. **2.** $\dfrac{1}{n!}$. **3.** $a = b = \sqrt{2}$. **4.** e^2. **5.** 可导，$f'(0) = \dfrac{17}{2}$.

C 类题

略.

第三节 Taylor 公式

A 类题

1. $f(x)=5-13(x+1)+11(x+1)^2-2(x+1)^3$.

2. $f(x)=x^6-9x^5+30x^4-45x^3+30x^2-9x+1$.

3. $\sqrt{x}=2+\dfrac{1}{4}(x-4)-\dfrac{1}{64}(x-4)^2+\dfrac{1}{512}(x-4)^3-\dfrac{15(x-4)^4}{4!\,16[4+\theta(x-4)]^{7/2}}$ $(0<\theta<1)$.

4. $\ln x=\ln 2+\dfrac{1}{2}(x-2)-\dfrac{1}{2^3}(x-2)^2+\dfrac{1}{3\cdot 2^3}(x-2)^3-\cdots+(-1)^{n-1}\dfrac{1}{n\cdot 2^n}(x-2)^n+o((x-2)^n)$.

5. $f(x)=1-2x+2x^2+\cdots+(-1)^n 2x^n+(-1)^{n+1}\dfrac{2x^{n+1}}{(1+\theta x)^{n+2}}$,其中 $0<\theta<1$.

6. (1) -1; (2) $\dfrac{1}{6}$.

B 类题

1. $a=1,b=-\dfrac{5}{2}$.   2. $2009\cdot 2^{2008}$.   3. 21.

4. (1) $f(0)=-1,f'(0)=\dfrac{1}{2},f''(0)=-\dfrac{2}{3}$; (2) $-\dfrac{2}{3}$.   5. 略.   6. 略.

C 类题

略.

第四节 函数形态的研究

A 类题

1. (1) 在 $(-\infty,-1]$,$[3,+\infty)$ 内单调增加,在 $[-1,3]$ 上单调减少;
   (2) 在 $(-\infty,+\infty)$ 内单调增加;
   (3) 在 $[0,n]$ 上单调增加,在 $[n,+\infty)$ 内单调减少;
   (4) 在 $\left[\dfrac{k\pi}{2},\dfrac{k\pi}{2}+\dfrac{\pi}{3}\right]$ 内单调增加,在 $\left[\dfrac{k\pi}{2}+\dfrac{\pi}{3},\dfrac{k\pi}{2}+\dfrac{\pi}{2}\right]$ 上单调减少$(k\in Z)$.

2. (1) $x_1=-3$ 是极大点,$x_2=2$ 是极小点; (2) $x_1=-1$ 是极小点,$x_2=1$ 是极大点.

3. (1) 在 $(-\infty,2]$ 内是凸的,在 $[2,+\infty)$ 内是凹的,$\left(2,\dfrac{2}{e^2}\right)$ 是拐点;
   (2) 当 $2k\pi<x<(2k+1)\pi$ 时凸,当 $(2k+1)\pi<x<(2k+2)\pi$ 时凸,$(k\pi,k\pi)$ 是拐点,$(k\in Z)$.

4. $K=\left|\dfrac{2}{3a\sin 2t_0}\right|$.   5. 略.   6. 略.   7. 略.

B 类题

1. (1) C; (2) B; (3) AD; (4) D.   2. 略.   3. 略.   4. $a=2,f\left(\dfrac{\pi}{3}\right)=\sqrt{3}$ 是极大值.

5. $f(x) = -\dfrac{1}{2}x^3 + \dfrac{3}{2}x^2$.　　**6.** $\left(\dfrac{\sqrt{2}}{2}, -\dfrac{\ln 2}{2}\right)$ 处曲率半径有最小值 $\dfrac{3\sqrt{3}}{2}$.　　**7.** 为拐点但非极值点.

第五节　函数的最值及其应用

A 类题

1. (1) 最大值 $f(3)=11$, 最小值 $f(2)=-14$;　　(2) 最小值 $f\left(\dfrac{1}{e}\right)=\left(\dfrac{1}{e}\right)^{1/e}$, 无最大值.

2. 当 $x=1$ 时函数有最大值 $\dfrac{1}{2}$.　　**3.** $\dfrac{a\pi}{4+\pi}, \dfrac{4a}{4+\pi}$.　　**4.** $p(\sqrt[3]{2}-1)\sqrt{\dfrac{\sqrt[3]{2}+2}{2}}$.

B 类题

1. 所求点为 $\left(\dfrac{a}{\sqrt{2}}, \dfrac{b}{\sqrt{2}}\right)$.　　**2.** 每天生产 89 件产品可获得最大盈利.

第三章　一元函数定积分

第一节　定积分的概念和性质、可积准则

A 类题

1. 略.　　**2.** (1) $\dfrac{1}{2}$;　　(2) $\dfrac{\pi a^2}{2}$.　　**3.** 略.

4. (1) $6 \leqslant \displaystyle\int_1^4 (x^2+1)\,dx \leqslant 51$;　　(2) $\pi \leqslant \displaystyle\int_{\pi/4}^{5\pi/4} (1+\sin^2 x)\,dx \leqslant 2\pi$.　　**5.** $f(a)$.

B 类题

1. (1) $\dfrac{b^2-a^2}{2}$;　　(2) $\dfrac{1}{a}-\dfrac{1}{b}$.　　**2.** 略.

3. 提示: 利用积分中值定理和 Rolle 中值定理.　　**4.** 提示: 利用定积分的非负性.

C 类题

1. 略.　　**2.** 利用定积分的定义和凸函数性质.　　**3.** 利用积分中质定理和 Rolle 中值定理.

第二节　微积分基本公式

A 类题

1. (1) 1;　　(2) $\dfrac{\pi^2}{4}$;　　(3) $2x\sqrt{1+x^4}$;　　(4) $\dfrac{1}{2\sqrt{x}}\displaystyle\int_0^{x^2}\cos t^2\,dt + 2x\sqrt{x}\cos x^4$.

2. $y'\big|_{x=0} = \sin 0 = 0$, $y'\big|_{x=\pi/4} = \sin\dfrac{\pi}{4} = \dfrac{\sqrt{2}}{2}$.　　**3.** $\dfrac{dy}{dx} = \dfrac{dy/dt}{dx/dt} = \dfrac{\cos t}{\sin t} = \cot t$.

4. $\dfrac{dy}{dx} = -e^{y^2}\cos x^2$.　　**5.** $x=0$ 时, 有极小值 0, 无极大值.

6. (1) $\dfrac{271}{6}$;　　(2) $\dfrac{\pi}{3}$;　　(3) $\dfrac{3}{2}$;　　(4) $1+\dfrac{\pi}{4}$;　　(5) $1-\dfrac{\pi}{4}$;　　(6) 4;　　(7) $\dfrac{8}{3}$;　　(8) $2(1-e^{-1})$;

(9) $-\dfrac{\pi}{12}$；　(10) $\dfrac{11}{2}$.　　**7.** 略.

B 类题

1. $a=4,b=1$.　　**2.** $f(x)=\cos x - x\sin x + C$.　　**3.** 利用 Taylor 公式.

4. 利用 L'Hospital 法则和连续性的定义.　　**5.** 利用变上限积分求导公式证明 $f'(x)>0$.

6. $y(0)=0$.

C 类题

1. 将数列写成黎曼和的形式,再利用定积分定义将极限转化为定积分.

2. 讨论 x 的范围写出 $\varphi(x)$ 的表达式并利用定义说明其连续性.

3. 略.

4. 略.

第三节　定积分的计算

A 类题

1. (1) $\dfrac{1}{2}$；　(2) $-\dfrac{2}{3}+2\sqrt{3}$；　(3) $\dfrac{a^4}{16}\pi$；　(4) $2-\dfrac{\pi}{2}$；　(5) $\dfrac{4\sqrt{2}-3\sqrt{3}}{6}$；　(6) $\dfrac{\sqrt{2}+1}{15}$；

(7) $\dfrac{1}{8}(6^8-4^8)$；　(8) $\arctan e - \dfrac{\pi}{4}$；　(9) $2(\sqrt{3}-1)$；　(10) $2\sqrt{2}$.

2. (1) $\dfrac{\pi^3}{324}$；　(2) 0；　(3) $4\sqrt{2}-2$.

3. (1) 1；　(2) $\dfrac{\pi}{8}-\dfrac{1}{4}\ln 2$；　(3) $\dfrac{\sqrt{3}\pi}{12}+\dfrac{1}{2}$；　(4) $\dfrac{\pi^3}{6}-\dfrac{\pi}{4}$；　(5) $\dfrac{\pi}{4}+\ln\dfrac{\sqrt{2}}{2}$；

(6) $\dfrac{1}{2}(e\sin 1 - e\cos 1 + 1)$；　(7) $\dfrac{4\pi}{3}-\sqrt{3}$；　(8) 2.

4. 略.

5. $2e^{-2}$.

B 类题

1. (1) $\dfrac{1}{a^2}$；　(2) $2-\sqrt{2}-\ln\sqrt{3}-\ln(\sqrt{2}-1)$；　(3) $\dfrac{16}{3}\pi-2\sqrt{3}$；

(4) $\dfrac{1}{2\sqrt{e}}(\arctan\sqrt{e}-\arctan\dfrac{1}{\sqrt{e}})$；　(5) $\dfrac{\pi}{8}\ln 2$；　(6) $\dfrac{1}{2}-\dfrac{3}{8}\ln 3$；　(7) $1-\dfrac{1}{4}\pi$.

2. 利用正弦函数的倍角公式,再利用换元法.　　**3.** 0.　　**4.** 利用分部积分和数学归纳法.

C 类题

1. $I_n = -\dfrac{n}{m+1}I_{n-1} = \dfrac{n(n-1)}{(m+1)^2}I_{n-2} = \cdots = \dfrac{(-1)^n n!}{(m+1)^n}I_0 = \dfrac{(-1)^n n!}{(m+1)^{n+1}}$.

2. 0.　　**3.** $f(x)=x\cos x - 1$.　　**4.** 利用定积分定义和凸函数性质.

第四节 反常积分

A 类题

1. (1) $\dfrac{2}{e}$；(2) $\dfrac{\pi}{2}$；(3) $\dfrac{\pi}{2}$；(4) $\dfrac{\pi}{2}$；(5) $2(1-e^{-\sqrt{\pi}})$；(6) $\dfrac{\pi}{2}-1$；(7) 发散；(8) 发散；(9) π；(10) $1-\ln 2$.

2. $A = e^{-1/4} \pi^{-1/2}$.

B 类题

1. (1) 0；(2) 2；(3) 发散；(4) $n!$；(5) $\dfrac{1}{k-1}\dfrac{1}{(\ln 2)^{k-1}}$；(6) 发散.

2. 略.

C 类题

1. 当 $\begin{cases} q \geqslant 1 \text{ 时发散}, \\ q < 1, p \leqslant 1 \text{ 发散}, \\ q < 1, p > 1 \text{ 收敛}. \end{cases}$ 2. 1.   3. 考虑 $(x-a)f(x)$ 的积分.

第五节 定积分的应用

A 类题

1. (1) $\dfrac{5}{3}$；(2) $-1+2\ln 2$；(3) πa^2；(4) $\dfrac{3}{4}\pi a^2$；(5) $\dfrac{1}{6}ab$.

2. $\dfrac{8\pi a^3}{3}$.　　3. $\dfrac{4\sqrt{3}}{3}R^3$.　　4. $\dfrac{|p|}{2}\left[\sqrt{2}+\ln(1+\sqrt{2})\right]$.

B 类题

1. $\dfrac{A}{B} = \dfrac{4\pi - 3\sqrt{3}}{8\pi + 3\sqrt{3}}$.　　2. 切线方程为 $y = \dfrac{1}{2}x + \dfrac{1}{2}$.　　3. $2\pi^2 a^3$.

C 类题

(1) $y = ax^2 + (2-a)x$；(2) $y = -3x^2 + 5x$.

工科数学分析练习与提高(二)

GONGKE SHUXUE FENXI LIANXI YU TIGAO

(第二版)

余绍权 李少华 主编

图书在版编目(CIP)数据

工科数学分析练习与提高. 一、二(第二版)/余绍权,李少华主编. —武汉:中国地质大学出版社,2022.8(2024.7重印)
ISBN 978-7-5625-5391-5

Ⅰ.①工⋯　Ⅱ.①余⋯②李⋯　Ⅲ.①数学分析-高等学校-习题集　Ⅳ.①O17-44

中国版本图书馆CIP数据核字(2022)第157642号

工科数学分析练习与提高(一)(二)(第二版)	余绍权　李少华　主编
责任编辑:郑济飞	责任校对:谢媛华
出版发行:中国地质大学出版社(武汉市洪山区鲁磨路388号)	邮政编码:430074
电　　话:(027)67883511　　传　真:(027)67883580	E-mail:cbb@cug.edu.cn
经　　销:全国新华书店	http://cugp.cug.edu.cn
开本:787毫米×1 092毫米 1/16	字数:166千字　印张:9.25
版次:2022年8月第2版　2018年7月第1版	印次:2024年7月第2次印刷
印刷:武汉中远印务有限公司	
ISBN 978-7-5625-5391-5	定价:35.00元(全2册)

如有印装质量问题请与印刷厂联系调换

第一章 函数、极限、连续性(二)

第一节 两个重要极限与函数极限的存在准则

掌握两个重要的极限和函数极限存在准则.

1. 两个重要的极限；
2. 函数极限存在准则：Heine 定理和 Cauchy 收敛原理.

例 1 求极限：(1) $\lim\limits_{x\to\frac{\pi}{2}}(\sin x)^{\tan x}$；(2) $\lim\limits_{x\to\frac{\pi}{6}}\sin(\frac{\pi}{6}-x)\tan 3x$.

分析 (1)为 1^∞ 型，可以利用重要极限 $\lim\limits_{x\to+\infty}\left(1+\dfrac{1}{x}\right)^x=e$ 的结论. (2)式作变量代换，利用重要极限 $\lim\limits_{x\to 0}\dfrac{\sin x}{x}=1$.

解 (1) $\lim\limits_{x\to\frac{\pi}{2}}(\sin x)^{\tan x}=\lim\limits_{x\to\frac{\pi}{2}}\left\{(1+\sin x-1)^{\frac{1}{\sin x-1}}\right\}^{\tan x(\sin x-1)}$,

因 $\lim\limits_{x\to\frac{\pi}{2}}(1+\sin x-1)^{\frac{1}{\sin x-1}}=e$,

$\lim\limits_{x\to\frac{\pi}{2}}\tan x(\sin x-1)=\lim\limits_{x\to\frac{\pi}{2}}\dfrac{\sin x}{\cos x}(\sin x-1)=\lim\limits_{x\to\frac{\pi}{2}}\dfrac{(\sin x-1)}{\cos x}$

$=\lim\limits_{x\to\frac{\pi}{2}}\dfrac{(\sin x-1)(\sin x+1)}{\cos x(\sin x+1)}=\lim\limits_{x\to\frac{\pi}{2}}\dfrac{-\cos x}{(\sin x+1)}=0$,

则原式 $=e^0=1$.

(2) 令 $t=\dfrac{\pi}{6}-x$, $x\to\dfrac{\pi}{6}$ 时, $t\to 0$,

则原式 $=\lim\limits_{t\to 0}\sin t\dfrac{\cos 3t}{\sin 3t}=\lim\limits_{t\to 0}\dfrac{\sin t}{t}\times\dfrac{3t}{\sin 3t}\times\dfrac{\cos 3t}{3}=1\times 1\times\dfrac{1}{3}=\dfrac{1}{3}$.

例 2 证明:当 $x \to \infty$ 时,$\cos x$ 的极限不存在.

分析 利用 Heine 定理可知,若函数极限存在,则子序列的极限存在且等于函数极限.这一结论的逆命题常用于证明函数极限不存在.

证明 取 $x_n = 2n\pi$,$y_n = 2n\pi + \dfrac{\pi}{2}(n=1,2,\cdots)$,则 $x_n \to \infty$,$y_n \to \infty (n \to \infty)$.

而 $\lim\limits_{n \to \infty} \cos x_n = 1$,$\lim\limits_{n \to \infty} \cos y_n = 0$,

由 Heine 定理,可知 $x \to \infty$ 时,$\cos x$ 的极限不存在.

A 类题

1. 选择题

(1) 下列结论中正确的是( ).

(A) $\lim\limits_{x \to 0}(1+x)^n = e$

(B) $\lim\limits_{x \to \frac{\pi}{2}} \dfrac{\sin x}{x} = 1$

(C) $\lim\limits_{x \to 0} \dfrac{\tan x - \sin x}{x^3} = 0$

(D) $\lim\limits_{x \to 0}(1+\sin x)^{\frac{1}{\sin x}} = e$

(2) 极限 $\lim\limits_{x \to 0} \dfrac{x + \sin x}{x}$ 的值为( ).

(A) 不存在   (B) 1   (C) 2   (D) ∞

(3) 极限 $\lim\limits_{x \to +\infty}\left(1 - \dfrac{1}{x}\right)^{2x}$ 的值为( ).

(A) $2e$ (B) e^{-2} (C) e^2 (D) $\dfrac{2}{e}$

2. 已知 $\lim\limits_{x \to 0}\left(\dfrac{\sin ax}{x} + b\right) = 4$,$\lim\limits_{x \to 0}(1+bx)^{1/x} = e^3$,那么 $a = $ _____,$b = $ _____.

3. 计算下列极限:

(1) $\lim\limits_{x \to 0} \dfrac{\sin x^m}{(\tan x)^n}(m > n)$;

(2) $\lim\limits_{x \to 0} \dfrac{\arcsin x}{x}$;

(3) $\lim\limits_{x \to \infty}\left(1 + \dfrac{1}{3x}\right)^{4x+1}$;

(4) $\lim\limits_{x \to 0} \dfrac{\tan x - \sin x}{x^3}$;

(5) $\lim\limits_{x \to 0}(1+4x)^{1/x}$;

(6) $\lim\limits_{x \to 0}\left(\dfrac{1+3x}{1+x}\right)^{1/x}$.

B 类题

1. 计算下列极限:

(1) $\lim\limits_{x \to \pi}\dfrac{\sin x}{x-\pi}\cos x$;

(2) $\lim\limits_{x \to 0}\dfrac{\sqrt{1+\tan x}-\sqrt{1-\tan x}}{\sin 2x}$;

(3) $\lim\limits_{x \to \infty}\left(\dfrac{2x+1}{2x+3}\right)^x$;

(4) $\lim\limits_{x \to \frac{\pi}{2}}(1+\cos^2 x)^{3\sec^2 x}$.

2. 已知 $\lim\limits_{x \to 1}\dfrac{\sin^2(x-1)}{x^2+ax+b}=1$, 求参数 a,b.

3. 函数 $f(x)=\begin{cases}(1+x)^{1/x}, & x>0 \\ \dfrac{\sqrt{1+x}-1}{ax}, & x<0\,(a \neq 0)\end{cases}$ 在 $x=0$ 处的极限是否存在? 若 $\lim\limits_{x \to 0}f(x)$ 存在, 其极限值是多少? a 的值是多少?

C 类题

证明：当 $x \to 0$ 时，$\cos\dfrac{1}{x}$ 的极限不存在.

第二节　无穷小和无穷大

理解无穷大、无穷小的概念，掌握无穷小的比较和曲线的渐近线定义.

1. 无穷大、无穷小的概念；
2. 无穷小比较，等价替换原理；
3. 曲线渐近线定义.

例 1　求下列函数的极限：$\lim\limits_{x\to a}\dfrac{\ln x - \ln a}{x-a}$.

分析　熟练利用等价无穷小代换，可使求极限的过程变得简单.

解　$\lim\limits_{x\to a}\dfrac{\ln x - \ln a}{x-a} = \lim\limits_{x\to a}\dfrac{\ln\dfrac{x}{a}}{x-a} = \lim\limits_{x\to a}\dfrac{\ln(1+\dfrac{x}{a}-1)}{x-a}$,

利用等价无穷小，$\ln(1+\dfrac{x}{a}-1) \sim \dfrac{x}{a}-1\,(x\to a)$，则原式 $=\lim\limits_{x\to a}\dfrac{\dfrac{x}{a}-1}{x-a}=\dfrac{1}{a}$.

例 2　函数 $y=x\cos x$ 在 $(-\infty,+\infty)$ 内是否有界？这个函数是否为 $x\to+\infty$ 时的无穷大？为什么？

分析　注意无界与无穷大的区别与联系，无界不一定是无穷大，无穷大一定无界．证明无界和不是无穷大需要利用有界和无穷大的定义进行反证.

解　$\forall M>0$，取 $k=[M]+1, x_0 = 2k\pi \in (-\infty,+\infty)$，

则 $|y(x_0)| = |x_0\cos x_0| = 2k\pi = 2[M]\pi + 2\pi > M$,

所以函数 $y=x\cos x$ 在 $(-\infty,+\infty)$ 内无界.

但 $y=x\cos x$ 不是 $x\to+\infty$ 时的无穷大，下面结合无穷大的定义利用反证法证之.

假设当 $x \to +\infty$ 时 $y = x\cos x$ 是无穷大,由定义知,对 $\forall M > 0, \exists X > 0$,当 $|x| > X$ 时有 $|y(x)| > M$. 但取 $k = [X] + 1, x_0 = 2k\pi + \dfrac{\pi}{2} = 2([X]+1)\pi + \dfrac{\pi}{2} > X$,

有 $|y(x_0)| = \left[2([X]+1)\pi + \dfrac{\pi}{2}\right]\cos\left[2([X]+1)\pi + \dfrac{\pi}{2}\right] = 0 < M$,因此 $y = x\cos x$ 不是 $x \to +\infty$ 时的无穷大.

A 类题

1. 判断下列变量在给定的变化过程中是否是无穷小量.

(1) $\dfrac{\sin x}{x}$ $(x \to \infty)$ ( )

(2) $\dfrac{5x^2}{\sqrt{x^3 - 2x + 1}}$ $(x \to +\infty)$ ( )

(3) $\dfrac{x^2}{x+1}\left(2 + \sin\dfrac{1}{x}\right)$ $(x \to 0)$ ( )

2. 判断下列变量在给定的变化过程中是否是无穷大量.

(1) $\dfrac{x^2}{\sqrt{x^3 + 1}}$ $(x \to \infty)$ ( )

(2) $\lg x$ $(x \to 0^+)$ ( )

(3) $e^{-\frac{1}{x}}$ $(x \to 0^-)$ ( )

3. 证明:

(1) $\sin(\sin x) \sim x$ $(x \to 0)$;

(2) $x\tan x \sim -2\sqrt{1-x^2} + 2$ $(x \to 0)$;

(3) $\sqrt{1+x^2} - 1 \sim (1 - \cos x)$ $(x \to 0)$.

4. 证明 $x \to 0$ 时,$2^x + 3^x - 2$ 与 x 是同阶但不是等价无穷小.

5. 证明 $x \to 0$ 时,$x^2 - x^3$ 是 $2x - x^2$ 的高阶无穷小.

B 类题

1. 计算下列极限:

(1) $\lim\limits_{n \to \infty} n^2 \left[\left(a + \dfrac{1}{n} \right)^{1/n} - a^{1/n} \right] (a > 0)$;

(2) $\lim\limits_{n \to \infty} n^2 \left[e^{2+1/n} + e^{2-1/n} - 2e^2 \right]$;

(3) $\lim\limits_{x \to 0} \dfrac{\sin x - \tan x}{(\sqrt[3]{1+x^2} - 1)(\sqrt{1+\sin x} - 1)}$;

(4) $\lim\limits_{x \to e} \dfrac{\ln x - 1}{x - e}$;

(5) $\lim\limits_{x \to 0} \dfrac{\sqrt[m]{1+ax} - \sqrt[n]{1+bx}}{x} (m > 0, n > 0)$;

(6) $\lim\limits_{x \to 0} \dfrac{x^2}{\sqrt{1 + x\sin 3x} - \sqrt{\cos 4x}}$.

2. 已知 $P(x)$ 是多项式，且 $\lim\limits_{x\to\infty}\dfrac{P(x)-2x^3}{x^2}=1$，又 $x\to 0$ 时，$P(x)$ 与 $3x$ 是等价无穷小，求 $P(x)$.

3. 问 $x\to +\infty$ 时，$\dfrac{x+1}{x^4+1}$ 是 $\dfrac{1}{x}$ 的多少阶无穷小？

4. 设 $\lim\limits_{x\to 0}\dfrac{\ln\left(1+\dfrac{f(x)}{\sin x}\right)}{a^x-1}=A$，其中 $a>0,a\neq 1$，求 $\lim\limits_{x\to 0}\dfrac{f(x)}{x^2}$.

C 类题

1. 设 $\lim\limits_{x\to\infty}\dfrac{x^{2015}}{x^n-(x-1)^n}=a\ (a\neq 0)$，求 n,a.

2. 证明 $\lim\limits_{n\to\infty}\sin\pi\sqrt{n^2+1}=0$.

3. 函数 $y=\dfrac{1}{x}\sin\dfrac{1}{x}$ 在 $(0,1)$ 上是否有界？当 $x\to 0^+$ 时,该函数是否为无穷大？为什么？

4. 证明函数 $y=x\cot x$ 在 $(0,+\infty)$ 内是无界的,但当 $x\to +\infty$ 时却不是无穷大.

第三节 函数的连续性

理解函数连续与间断的概念,掌握间断点的分类和判别,了解初等函数的连续性,掌握闭区间上连续函数的性质.

1. 函数连续与间断的定义；
2. 间断点的判别；
3. 闭区间上连续函数的性质.

例 1 确定函数 $f(x)=\dfrac{1}{1-\mathrm{e}^{\frac{x}{x-1}}}$ 的间断点类型.

分析 通过计算在间断点处是否存在极限,左右极限是否相等判别间断点类型.

解 观察函数定义域,可知间断点为 $x=0,x=1$.

$x\to 0$ 时,$\dfrac{x}{1-x}\to 0$, $\mathrm{e}^{\frac{x}{1-x}}\to 1$, $\lim\limits_{x\to 0}f(x)=\lim\limits_{x\to 0}\dfrac{1}{1-\mathrm{e}^{\frac{x}{x-1}}}=\infty$,

则 $x=0$ 为无穷间断点;

$x\to 1^-$ 时, $\dfrac{x}{1-x}\to+\infty$, $e^{\frac{x}{1-x}}\to+\infty$, $\lim\limits_{x\to 1^-}f(x)=\lim\limits_{x\to 1^-}\dfrac{1}{1-e^{\frac{x}{x-1}}}=0$,

$x\to 1^+$ 时, $\dfrac{x}{1-x}\to-\infty$, $e^{\frac{x}{1-x}}\to 0$, $\lim\limits_{x\to 1^+}f(x)=\lim\limits_{x\to 1^+}\dfrac{1}{1-e^{\frac{x}{x-1}}}=1$,

则 $x=1$ 为跳跃间断点.

例 2 证明:若 $f(x)$ 在 $(-\infty,+\infty)$ 内连续,且 $\lim\limits_{x\to\infty}f(x)$ 存在,则 $f(x)$ 在 $(-\infty,+\infty)$ 内必有界.

分析 由函数极限的性质, $\lim\limits_{x\to\infty}f(x)$ 存在,可知在 ∞ 邻域内,函数有界,再结合闭区间上的连续函数必有界的结论,可证得.

证明 设 $\lim\limits_{x\to\infty}f(x)=A$,由极限定义知,对 $\varepsilon=1$,$\exists X_0>0$,对一切 $|x|>X_0$ 有 $|f(x)-A|<1$,从而 $|f(x)|=|f(x)-A+A|\leqslant|f(x)-A|+|A|<1+|A|$,又 $f(x)$ 在 $[-X_0,X_0]$ 上连续,由闭区间上连续函数必有界的结论,知 $\exists M_1>0$,使得 $|f(x)|\leqslant M_1$, $x\in[-X_0,X_0]$. 取 $M=\max\{M_1,1+|A|\}$,则 $|f(x)|\leqslant M$, $x\in(-\infty,+\infty)$,即 $f(x)$ 在 $(-\infty,+\infty)$ 内有界.

A 类题

1. 选择题

(1) 函数在某点具有极限是连续的(　　).

(A) 必要条件　　(B) 充分条件　　(C) 充要条件　　(D) 既非必要又非充分

(2) 设点 x_0 为 $f(x)$ 的连续点和 $g(x)$ 的第一类间断点,则点 x_0 是函数 $f(x)+g(x)$ 的(　　).

(A) 连续点　　　　　　　　(B) 可能是连续点,也可能是间断点

(C) 第一类间断点　　　　　(D) 可能是第一类间断点,也可能是第二类间断点

(3) 设 $f(x)$ 和 $\varphi(x)$ 在 $(-\infty,+\infty)$ 内有定义, $f(x)\neq 0$ 是连续函数, $\varphi(x)$ 有间断点,则(　　).

(A) $\varphi[f(x)]$ 必有间断点　　　　(B) $[\varphi(x)]^2$ 必有间断点

(C) $f[\varphi(x)]$ 必有间断点　　　　(D) $\dfrac{\varphi(x)}{f(x)}$ 必有间断点

2. 求下列函数的间断点,并判别其类型

(1) $f(x)=\cos^2\dfrac{1}{x}$;　　　　　　(2) $f(x)=\arctan\dfrac{1}{x}$.

3. 设函数 $f(x)=\begin{cases} a+x^2, & x>1, \\ 2, & x=1, \\ b-x, & x<1, \end{cases}$ 常数 a,b 取何值时,能使 $f(x)$ 在 $(-\infty,+\infty)$ 内连续?

4. 求下列极限:

(1) $\lim\limits_{x\to a^+}\dfrac{\sqrt{x}-\sqrt{a}}{\sqrt{x^2-a^2}}$ $(a>0)$;

(2) $\lim\limits_{x\to a}\dfrac{e^x-e^a}{x-a}$;

(3) $\lim\limits_{x\to 0}\dfrac{e^{3x}-e^{2x}-e^x+1}{\sqrt[3]{(1-x)(1+x)}-1}$;

(4) $\lim\limits_{x\to 0}\left[\dfrac{\ln(\cos^2 x+\sqrt{1-x^2})}{e^x+\sin x}+(1+x)^x\right]$.

5. 证明方程 $x^5-3x=1$ 在 $(1,2)$ 内至少有一个实根.

6. 设 $f(x)\in C[0,2a]$,且 $f(0)=f(2a)$,求证:在 $[0,a]$ 上至少存在一点 ξ,使得 $f(\xi)=f(\xi+a)$.

B 类题

1. 求下列函数的间断点,并判断其类型.

(1) $f(x)=\dfrac{x\arctan\dfrac{1}{x-1}}{\sin\dfrac{\pi x}{2}}$;

(2) $f(x)=\begin{cases}\dfrac{x(2x+\pi)}{2\cos x}, & x\leqslant 0,\\ \sin\dfrac{1}{x^2-1}, & x>0.\end{cases}$

2. 确定常数 a 和 b，使函数 $f(x) = \lim\limits_{n \to \infty} \dfrac{x^{2n-1} + ax^2 + bx}{x^{2n} + 1}$ 为连续函数.

3. 试解下列各题：

(1) 若 $\lim\limits_{x \to x_0} u(x) = A\,(A > 0)$，$\lim\limits_{x \to x_0} v(x) = B$，证明 $\lim\limits_{x \to x_0} u(x)^{v(x)} = A^B$；

(2) 用上述结论求极限：

① $\lim\limits_{x \to \infty} \left(\sin \dfrac{2}{x} + \cos \dfrac{1}{x} \right)^x$；

② $\lim\limits_{x \to 0^+} (\cos \sqrt{x})^{\pi/x}$.

4. 设常数 $a > 0, b > 0, c > 0$，且 $h < m < n$，证明方程 $\dfrac{a}{x-h} + \dfrac{b}{x-m} + \dfrac{c}{x-n} = 0$ 在 (h, m)、(m, n) 内各有且仅有一根.

5. 证明奇数次的代数方程至少有一个实根.

6. 设函数 $f(x)$ 在 (a,b) 内连续且恒大于零，$a<x_1<x_2<\cdots<x_n<b$，证明至少存在一点 $\xi\in(a,b)$，使得 $f(\xi)=\sqrt[n]{f(x_1)f(x_2)\cdots f(x_n)}$.

C 类题

1. 讨论下列函数的连续性（若有间断点，判别其类型），并做出 $y=f(x)$ 的图形.

(1) $f(x)=\lim\limits_{n\to\infty}\dfrac{1+x}{1+x^{2n}}$;

(2) $f(x)=\lim\limits_{n\to\infty}\dfrac{x^{n+2}-x^{-n}}{x^n+x^{-n-1}}$;

(3) $f(x)=\lim\limits_{t\to+\infty}\dfrac{x+e^{tx}}{1+e^{tx}}$.

2. 求证函数 $f(x)=2^x-x^2$ 在 $(-\infty,+\infty)$ 内至少有三个零点.

3. 设函数 $f(x)$ 在 $[a,b]$ 上连续，$x_1,x_2,\cdots,x_n\in[a,b]$，另有一组正数 $\lambda_1,\lambda_2,\cdots,\lambda_n>0$ 满足 $\lambda_1+\lambda_2+\cdots+\lambda_n=1$. 证明存在 $\xi\in[a,b]$，使得 $f(\xi)=\lambda_1 f(x_1)+\lambda_2 f(x_2)+\cdots+\lambda_n f(x_n)$.

4. 设 $f(x)$ 在 $[0,1]$ 上连续，且 $f(0)=f(1)$. 证明存在 $x_0\in[0,1]$，使得 $f(x_0)=f(x_0+\dfrac{1}{5})$.

5. 设 $f(x)$ 在 $[a,+\infty)$ 上连续，取正值，且 $\lim\limits_{x\to+\infty}f(x)=0$. 证明必存在 $x_0\in[a,+\infty)$，使得对一切 $x\in[a,+\infty)$，均有 $f(x_0)\geqslant f(x)$.

第二章 导数与微分

第一节 导数概念

了解导数的概念,导数的几何意义和物理意义.

1. 导数的定义;
2. 导数的几何意义和物理意义;
3. 可导与连续之间的联系;
4. 求平面曲线的切线和法线方程.

例1 设 a,b 为已知常数,函数 $f(x)=\begin{cases} x-a, & x<a, \\ A(x-a)(x-b)(x-B), & a\leqslant x\leqslant b, \\ 2(x-b), & x>b. \end{cases}$ 试确定常数 A 和 B,满足 $f(x)$ 在 $x=a$ 及 $x=b$ 点均可导.

分析 利用导数的定义确定常数.

解 $\lim\limits_{x\to a^+}\dfrac{A(x-a)(x-b)(x-B)}{x-a}=\lim\limits_{x\to a^+}A(x-b)(x-B)=A(a-b)(a-B)$,

$\lim\limits_{x\to a^-}\dfrac{x-a}{x-a}=1.$

因为 $f(x)$ 在 $x=a$ 处可导,故

$$A(a-b)(a-B)=1 \tag{1}$$

$\lim\limits_{x\to b^+}\dfrac{f(x)-f(b)}{x-b}=\lim\limits_{x\to b^+}\dfrac{2(x-b)}{x-b}=2$

$\lim\limits_{x\to b^-}\dfrac{f(x)-f(b)}{x-b}=\lim\limits_{x\to b^-}\dfrac{A(x-a)(x-b)(x-B)}{x-b}$

$=\lim\limits_{x\to b^-}A(x-a)(x-B)=A(b-a)(b-B)$

又 $f(x)$ 在 $x=b$ 处可导，所以
$$A(b-a)(b-B)=2 \tag{2}$$
由(1)和(2)得 $A=\dfrac{3}{(b-a)^2}$，$B=\dfrac{2a+b}{3}$．

例 2 求平行于直线 $6x+2y+1=0$，且与 $y=\dfrac{3}{4}x^4$ 相切的切线方程．

分析 求切线的斜率，关键是求切点坐标．

解 由于 $6x+2y+1=0$，所以切线斜率为 $k=-3$

故 $-3=y'=(\dfrac{3}{4}x^4)'=3x^3$，即 $x=-1$，此时，$y=\dfrac{3}{4}x^4=\dfrac{3}{4}$

故切点坐标为 $(-1,\dfrac{3}{4})$，从而所求的切线方程为 $y-\dfrac{3}{4}=-3(x+1)$，即 $3x+y+\dfrac{9}{4}=0$．

A 类题

1．填空题

(1) 已知 $f'(1)=3$，则 $\lim\limits_{h\to 0}\dfrac{f(1-3h)-f(1)}{2h}=$ _____；

(2) 若 $f'(x)$ 存在，且 $\lim\limits_{x\to 0}\dfrac{f(1)-f(1-x)}{x}=-1$，则 $f'(1)=$ _____；

(3) 设函数 $f(x)=|x|\sin x$，则 $f'(0)=$ _____；

(4) 设 $f(x)=x(x-1)(x-2)\cdots(x-2018)$，则 $f'(0)=$ _____．

2．选择题

(1) 设函数 $f(x)$ 在 $x=a$ 的某邻域内有定义，则 $f(x)$ 在 $x=a$ 处可导的一个充分条件是( )．

(A) $\lim\limits_{h\to +\infty}h[f(a+\dfrac{1}{h})-f(a)]$ 存在

(B) $\lim\limits_{h\to 0}\dfrac{f(a+2h)-f(a+h)}{h}$ 存在

(C) $\lim\limits_{h\to 0}\dfrac{f(a+h)-f(a-h)}{2h}$ 存在

(D) $\lim\limits_{h\to 0}\dfrac{f(a)-f(a-h)}{h}$ 存在

(2) 设函数 $F(x)=\begin{cases}\dfrac{f(x)}{x}, & x\neq 0 \\ f(0), & x=0.\end{cases}$ 其中 $f(x)$ 在 $x=0$ 处可导，$f(0)=0$，$f'(0)\neq 0$，则 $x=0$ 是 $F(x)$ 的( )．

(A) 连续点

(B) 第一类间断点

(C) 第二类间断点

(D) 不能确定是连续点或间断点

(3) 设函数 $f(x)$ 对任意 x 均满足等式 $f(1+x)=af(x)$，且 $f'(0)=b$，其中 a,b 为非零常数，则( )．

(A) $f(x)$ 在 $x=1$ 处不可导

(B) $f(x)$ 在 $x=1$ 处可导，且 $f'(1)=a$

(C) $f(x)$ 在 $x=1$ 处可导,且 $f'(1)=b$　　(D) $f(x)$ 在 $x=1$ 处可导,且 $f'(1)=ab$

(4)设函数 $f(x)$ 在区间 $(-\delta,\delta)$ 内有意义,若当 $x\in(-\delta,\delta)$ 时,恒有 $|f(x)|\leqslant x^2$,则 $x=0$ 必为 $f(x)$ 的(　　).

(A)间断点　　　　　　　　　　　　(B)连续但不可导的点

(C)可导的点,且 $f'(0)=0$　　　　　(D)可导的点,且 $f'(0)\neq 0$

3.在抛物线 $y=x^2$ 上哪一点的切线有下面的性质:

(1)与 ox 轴构成 $45°$ 角;

(2)与抛物线上横坐标为 $x_1=1,x_2=3$ 两点连成的割线平行.

4.设 $f(x),\varphi(x)$ 在 (a,b) 内有定义,$x_0\in(a,b)$,并且对任何 $x\in(a,b)$ 有

(1) $f(x)-f(x_0)=\varphi(x)(x-x_0)$;(2) $\varphi(x)$ 在 x_0 点连续.

求证 $f(x)$ 在 x_0 点可导,且 $f'(x_0)=\varphi(x_0)$.

5. 设 $f(x)=\begin{cases} x^2\sin\dfrac{\pi}{x}, & x<0, \\ A, & x=0, \\ ax^2+b, & x>0, \end{cases}$ 其中 A,a,b 为常数,试问 A,a,b 为何值时, $f(x)$ 在 $x=0$ 处可导,为什么?并求 $f'(0)$.

6. 给定抛物线 $y=x^2-x+3$,求过点 $(2,5)$ 的切线与法线方程.

B 类题

1. 讨论下列函数在 $x=0$ 处的连续性与可导性并说明理由.

(1) $f(x)=\begin{cases} x^2\sin\dfrac{1}{x}, & x\neq 0, \\ 0, & x=0; \end{cases}$

(2) $f(x)=\begin{cases} \dfrac{1-\cos x}{x}, & x>0, \\ xg(x), & x\leqslant 0, \end{cases}$ 其中 $g(x)$ 是连续函数.

2. 设函数 $f(x)=(x^{2015}-1)g(x)$,其中 $g(x)$ 在 $x=1$ 处连续,且 $g(1)=1$,求 $f'(1)$.

3. 证明双曲线 $xy=a^2$ 上任一点处的切线与两坐标轴构成的三角形的面积都等于 $2a^2$.

C 类题

1. 设 $f(x)=\mathrm{e}^{\sin x}$, $g(x)=\begin{cases} x^2(\sin\dfrac{1}{x^2})^{1/3}, & x\neq 0 \\ 0, & x=0 \end{cases}$, 求 $\dfrac{\mathrm{d}}{\mathrm{d}x}[f(g(x))]\Big|_{x=0}$.

2. 设 $f(x)$ 在 $x=0$ 处可导, 且 $f'(0)=\dfrac{1}{3}$, 又对于任意的 x 有 $f(3+x)=3f(x)$, 求 $f'(3)$.

3. 已知 $f(x)$ 在 $x=a$ 处连续且 $f(a)\neq 0$，$F(x)=[f(x)]^2$ 在 $x=a$ 处可导且 $F'(a)=2f(a)$，证明 $f(x)$ 在 a 点可导，并求 $f'(a)$.

4. 设 $f(x)=a_1\sin x+a_2\sin 2x+\cdots+a_n\sin nx$，其中 $a_1,a_2,\cdots,a_n$ 都是实数，已知对一切 x 有 $|f(x)|\leqslant|\sin x|$，证明 $|a_1+2a_2+\cdots+na_n|\leqslant 1$.

第二节 求导法则与导数基本公式

掌握导数的四则运算法则和复合函数的求导法则,掌握基本初等函数的导数公式.

1. 基本初等函数的公式表;
2. 求导四则运算,复合函数求导,反函数求导;
3. 高阶导数.

例 1 求下列函数的导数:

(1) $y = e^{\cos x^3}$; (2) $y = (x^2 + \cos x)^5$; (3) $y = \ln\sqrt{\dfrac{x^2-1}{x^2+1}}$.

分析 (1)把 $\cos x^3$ 看作中间变量;(2)把 $x^2 + \cos x$ 看作中间变量;(3)先对原函数进行化简.

解 (1) $y' = (e^{\cos x^3})' = e^{\cos x^3}(\cos x^3)' = e^{\cos x^3}(-\sin x^3)(x^3)' = -3x^2 \sin x^3 \, e^{\cos x^3}$.

(2) $y' = [(x^2 + \cos x)^5]' = 5(x^2 + \cos x)^4 (x^2 + \cos x)'$
$= 5(x^2 + \cos x)^4 (2x - \sin x)$.

(3) $y = \ln\sqrt{\dfrac{x^2-1}{x^2+1}} = \dfrac{1}{2}\ln(x^2-1) - \dfrac{1}{2}\ln(x^2+1)$.

故 $y' = \dfrac{1}{2(x^2-1)} \cdot 2x - \dfrac{1}{2(x^2+1)} \cdot 2x = \dfrac{x}{x^2-1} - \dfrac{x}{x^2+1}$.

例 2 设 $y = a\ln\dfrac{a+\sqrt{a^2-x^2}}{x}$,求其反函数 $x = x(y)$ 的导数,其中常数 $a > 0$.

分析 已知 $y = f(x)$ 反函数的导数存在且 $y'(x) \neq 0$,则 $x'(y) = \dfrac{1}{y'(x)}$.

解 先求 $\dfrac{dy}{dx}$,再利用 $\dfrac{dx}{dy} = \dfrac{1}{\dfrac{dy}{dx}}$,由 $y = a[\ln(a+\sqrt{a^2-x^2}) - \ln x] \Rightarrow$

$\dfrac{dy}{dx} = a\left[\dfrac{1}{a+\sqrt{a^2-x^2}}(a+\sqrt{a^2-x^2})' - \dfrac{1}{x}\right]$

$= a\left[\dfrac{1}{a+\sqrt{a^2-x^2}} \cdot \dfrac{-2x}{2\sqrt{a^2-x^2}} - \dfrac{1}{x}\right]$

$$= a\left[\frac{-x(a-\sqrt{a^2-x^2})}{(a^2-a^2+x^2)\sqrt{a^2-x^2}}-\frac{1}{x}\right]$$

$$= -\frac{a^2}{x\sqrt{a^2-x^2}}.$$

于是,由反函数求导公式得,$\dfrac{\mathrm{d}x}{\mathrm{d}y} = -\dfrac{x\sqrt{a^2-x^2}}{a^2}$.

例 3 设 $y = \cos^4 x + \sin x \cos x$,求 $y^{(n)}$.

分析 若 $y = y(x)$ 是某些三角函数式,求 $y^{(n)}$ 时常用三角函数恒等式及有关公式将它化为求形如 $A\sin(ax+b)$ 或者 $B\cos(ax+b)$ 类型的三角函数的 n 阶导数.

解 $y = \dfrac{1}{4}(1+\cos 2x)^2 + \dfrac{1}{2}\sin 2x = \dfrac{3}{8} + \dfrac{1}{2}\cos 2x + \dfrac{1}{8}\cos 4x + \dfrac{1}{2}\sin 2x$.

因为 $(\sin kx)^{(n)} = k^n \sin(kx + \dfrac{n\pi}{2})$, $(\cos kx)^{(n)} = k^n \cos(kx + \dfrac{n\pi}{2})$,

所以 $y^{(n)} = 2^{n-1}\cos(2x + \dfrac{n\pi}{2}) + 2^{2n-3}\cos(4x + \dfrac{n\pi}{2}) + 2^{n-1}\sin(2x + \dfrac{n\pi}{2})$, $n \geq 1$.

A 类题

1. 求下列函数的导数:

(1) $y = 2\tan x + \sec x - \sin\dfrac{\pi}{2}$;

(2) $y = \ln(x + \sqrt{a^2+x^2})$;

(3) $y = \ln(\sec x + \tan x)$;

(4) $y = e^{-x/2}\cos 3x$;

(5) $y = \log_x(\ln x)$;

(6) $y = \ln[\ln^2(\ln^3 x)]$;

(7) $y = \sin^n x \cos nx$;

(8) $y = \left(\dfrac{a}{b}\right)^x \left(\dfrac{b}{x}\right)^a \left(\dfrac{x}{a}\right)^b$.

2. 计算下列函数指定阶数的导数：
(1) 设 $f''(x)$ 存在，求 $y = \ln[f(x)]$ 的二阶导数；

(2) 已知 $y = x(2x-1)^2(x+3)^3$，求 $y^{(6)}$ 及 $y^{(7)}$；

（3）已知 $y = e^x \cos x$，求 $y^{(n)}$.

B 类题

1. 求下列函数的导数：

（1）$y = \sqrt{x + \sqrt{x + \sqrt{x}}}$；

（2）$y = \sqrt{\dfrac{(x-a)(x-b)}{(x-c)(x-d)}}$；

（3）$y = x^{a^a} + a^{x^a} + a^{a^x}$；

（4）$y = \ln \dfrac{\sqrt{x^2+1} - x}{\sqrt{x^2+1} + x}$.

2. 设 $f(x)=x^3+2x^2+3x+1$，用 φ 表示 f 的反函数. 求证：$f(1)=7, \varphi(7)=1$，并计算 $\varphi'(7)$.

3. 已知 $y=f(x)$，求其反函数的二阶导数 $\dfrac{d^2 x}{d y^2}$（用 y', y'' 等表示）.

4. 计算下列函数指定阶数的导数：
(1) $y=(x^2-1)e^{2x}$，求 $y^{(20)}$；

(2) $f(x)=\sin x \sin 2x \sin 3x$，求 $f^{(21)}(0)$.

C 类题

1. 设 $F(x)=\max\{x,x^2\}, 0<x<2$, 求 $F'(x)$.

2. 设 $f(x)$ 在 $x=1$ 处一阶导数连续, 且 $f'(1)=2$, 求 $\lim\limits_{x\to 1^+}\dfrac{\mathrm{d}}{\mathrm{d}x}f(\cos\sqrt{x-1})$.

3. 设 $y=(\arcsin x)^2$, (1)证明 $(1-x^2)y''-xy'=2$; (2) 求 $y^{(n)}(0)$.

4. 证明 $(\mathrm{e}^x\sin x)^{(n)}=(\sqrt{2})^n\mathrm{e}^x\sin(x+\dfrac{n}{4}\pi)$.

第三节　隐函数与参数式函数的求导法则

会求隐函数和利用参数方程所确定的函数的导数.

1. 隐函数求导；
2. 参数方程求导.

例 1　设方程 $xy^2 + e^y = \cos(x+y^2)$，求 y'.

分析　把 y 看作 x 的隐含数，两边对 x 求导.

解　等式两边对 x 求导得
$$y^2 + 2xyy' + e^y y' = -\sin(x+y^2) \cdot (1+2yy'),$$

所以
$$y' = -\frac{y^2 + \sin(x+y^2)}{2xy + e^y + 2y\sin(x+y^2)}.$$

例 2　已知 $\begin{cases} x = f'(t), \\ y = tf'(t) - f(t), \end{cases}$ 其中 $f''(t) \neq 0$，求 $\dfrac{dy}{dx}$ 和 $\dfrac{d^2y}{dx^2}$.

分析　抽象函数的求导按参数方程求导方法解出.

解　$\dfrac{dy}{dx} = \dfrac{y'_t}{x'_t} = \dfrac{[tf'(t) - f(t)]'}{f''(t)} = \dfrac{tf''(t)}{f''(t)} = t$,

将 $\dfrac{d^2y}{dx^2} = \dfrac{d}{dt}\left(\dfrac{dy}{dx}\right) \cdot \dfrac{dt}{dx} = (t)' \dfrac{dt}{dx} = \dfrac{1}{\dfrac{dx}{dt}} = \dfrac{1}{f''(t)}$.

例 3　求方程 $x^3 + y^3 - 3axy = 0$　$(a>0)$ 所确定的隐函数 y 的二阶导数 $\dfrac{d^2y}{dx^2}$.

分析　利用隐函数求导法解.

解　等式两边同时对 x 求导，得
$$3x^2 + 3y^2 \cdot y' - (3ay + 3axy') = 0$$

于是 $y' = \dfrac{ay - x^2}{y^2 - ax}$, $y'' = \dfrac{(ay' - 2x)(y^2 - ax) - (ay - x^2)(2yy' - a)}{(y^2 - ax)^2}$

将 y' 代入，得
$$\dfrac{d^2y}{dx^2} = \dfrac{\left(\dfrac{a^2y - ax^2}{y^2 - ax} - 2x\right)(y^2 - ax) - (ay - x^2)\left(\dfrac{2ay^2 - 2yx^2}{y^2 - ax} - a\right)}{(y^2 - ax)^2}$$

$$= \frac{6ax^2y^2 - 2a^3xy - 2xy^4 - 2x^4y}{(y^2-ax)^3}$$

A 类题

1. 求由下列方程所确定的隐函数 y 的导数 $\dfrac{dy}{dx}$.

(1) $xy^2 + e^y = \cos(x+y^2)$;　　　　　　　(2) $y\sin x = \cos(x-y)$.

2. 求由下列方程所确定的隐函数的二阶导数：

(1) $s = te^s$,求 $\dfrac{d^2s}{dt^2}$;　　　　　　　(2) $e^y + xy = e$,求 $y''(0)$.

3. 求下列参数方程所确定的函数的导数：

(1) 已知 $\begin{cases} x = e^t \sin t, \\ y = e^t \cos t, \end{cases}$ 求 $\dfrac{dy}{dx}$ 及当 $t = \dfrac{\pi}{3}$ 时 $\dfrac{dy}{dx}$ 的值；

(2) 已知 $\begin{cases} x = \sin^2 t + t, \\ y = \cos^2 t, \end{cases}$ 求导数 $\dfrac{dy}{dx}$ 和二阶导数 $\dfrac{d^2 y}{dx^2}$；

(3) 已知 $\begin{cases} x = f'(t) + 2, \\ y = t^2 f'(t) - 1, \end{cases}$ 其中 $f'''(t)$ 存在且 $f''(t) \neq 0$，求 $\dfrac{d^2 y}{dx^2}$.

B 类题

1. 设 $y^2 f(x) + x f(y) = x^2$，其中 $f(x)$ 可微，求 $\dfrac{dy}{dx}$.

2. 设 $y=y(x)$，由 $x\mathrm{e}^{f(y)}=\mathrm{e}^y$ 确定，$f(x)$ 具有二阶导数，$f'(x)\neq 1$，求 $\dfrac{\mathrm{d}^2 y}{\mathrm{d}x^2}$.

3. 求下列参数方程所确定函数的导数.

(1) 已知 $\begin{cases} x=2t+t^2, \\ y=3-t^4, \end{cases}$ 求 $\dfrac{\mathrm{d}^3 y}{\mathrm{d}x^3}$;

(2) 已知 $\begin{cases} x=3t^2+2t+3, \\ \mathrm{e}^y\sin t-y+1=0, \end{cases}$ 求 $\dfrac{\mathrm{d}^2 y}{\mathrm{d}x^2}\bigg|_{t=0}$.

C 类题

1. 求下列函数的导数：

   (1) $y=\left(\dfrac{x}{1+x}\right)^x$；

   (2) $y=(\tan 2x)^{\cot\frac{x}{2}}$.

2. 一倒置圆锥形容器深 10m，顶上圆口直径为 6m，现以每分钟 $8m^3$ 的速率注水于其中，问当水深 4m 时，

   (1) 其液面上升的速率为多少？

   (2) 此时液面面积的扩大率为多少？

第四节 微分

了解微分的四则运算法则和一阶微分形式的不变性,会求函数的微分.

1. 微分定义；
2. 微分不变性.

例1 函数 $y=x^2+1$,当 $x=1, \Delta x=0.1$ 时,求函数的增量及微分.

分析 利用微分定义来解题.

解 $\Delta y=[(1+0.1)^2+1]-(1^2+1)=0.21,$
$\mathrm{d}y=f'(1) \cdot \Delta x=2 \times 0.1=0.2.$

例2 求由方程 $\mathrm{e}^{xy}=2x+y^3$ 所确定的隐函数 $y=f(x)$ 的导数 $\dfrac{\mathrm{d}y}{\mathrm{d}x}$.

解 原方程两边对 x 求导,得

$$\frac{\mathrm{d}}{\mathrm{d}x}\mathrm{e}^{xy}=\frac{\mathrm{d}}{\mathrm{d}x}(2x+y^3)$$

即

$$\mathrm{e}^{xy}\left(y+x\frac{\mathrm{d}y}{\mathrm{d}x}\right)=2+3y^2\frac{\mathrm{d}y}{\mathrm{d}x}$$

于是

$$\frac{\mathrm{d}y}{\mathrm{d}x}=\frac{2-y\mathrm{e}^{xy}}{x\mathrm{e}^{xy}-3y^2}.$$

A 类题

求下列函数的微分:

(1) $y=x\mathrm{e}^x$；

(2) $y=5^{\ln\tan x}$；

(3) $y=\ln(x+\sqrt{x^2-1})$;

(4) $y=x\ln x-\arcsin\sqrt{1-x^2}$;

(5) $y=\ln\sin\dfrac{x}{2}$, 求 $dy|_{x=\pi/3,\,dx=\pi/12}$;

(6) $y=x^{\ln x}$;

(7) $2y-x=(x-y)\ln(x-y)$, 求 dy;

(8) $e^{x+y}-y\sin x=0$, 求 dy.

B 类题

1. 求解下列各题：

(1) 设函数 $y=y(x)$ 由方程 $x^y=y^x$ 所确定（x, y 均大于零，且不等于1），求 $\mathrm{d}y$；

(2) 设 $\varphi(x)$ 在 $x=0$ 处连续，试求函数 $f(x)=x\varphi(x)$ 在 $x=0$ 处的微分；

(3) 计算 $\dfrac{\mathrm{d}\sin\sqrt{x}}{\mathrm{d}\sqrt{x}}$；

(4) 设 $y=\mathrm{e}^{\sin x}$，求 $\dfrac{\mathrm{d}y}{\mathrm{d}x}, \dfrac{\mathrm{d}y}{\mathrm{d}x^2}, \dfrac{\mathrm{d}y}{\mathrm{d}\mathrm{e}^x}$；

(5) 设 $x = y^2 + y, u = (x^2+x)^{3/2}$,求 $\dfrac{dy}{du}$.

2. 设函数 $f(x)$ 连续,$f'(0)$ 存在,并且对于任何的 $x, y \in R$,$f(x+y) = \dfrac{f(x)+f(y)}{1-4f(x)f(y)}$,证明 $f(x)$ 在 R 上可微.

第三章　一元函数的不定积分

第一节　不定积分的概念与性质

理解原函数和不定积分的概念,掌握不定积分的基本公式和性质.

1.原函数的概念；

2.基本积分表；

3.不定积分的性质.

例 1　$\ln(x+\sqrt{1+x^2})$ 是哪个函数的一个原函数？

分析　利用原函数的定义.

解　$[\ln(x+\sqrt{1+x^2})]' = \dfrac{1}{x+\sqrt{1+x^2}}(1+\dfrac{x}{\sqrt{1+x^2}}) = \dfrac{1}{\sqrt{1+x^2}}$,

因此,$\ln(x+\sqrt{1+x^2})$ 是 $\dfrac{1}{\sqrt{1+x^2}}$ 的一个原函数.

例 2　求过点 $(1,2)$ 且切线斜率为 $2x$ 的曲线.

分析　根据导数的几何意义求.

解　设所求曲线为 $y=f(x)$,于是 $f'(x)=2x$

故　　　$f(x)=\int f'(x)\mathrm{d}x=\int 2x\,\mathrm{d}x=x^2+C$,即 $y=x^2+C$

因为曲线过点 $(1,2)$,把 $x=1, y=2$ 代入上式,

得出　　$C=1$

曲线方程是 $y=x^2+1$.

A 类题

1. 求出下列函数的原函数：

(1) $f(x) = e^x + 6e^{6x}$；

(2) $f(x) = 6\sqrt{x} - \dfrac{1}{x^2} + \dfrac{10}{x}$；

(3) $r(t) = 3t + \sqrt[3]{t} - 2^t$；

(4) $p(\theta) = \sin\theta + \dfrac{1}{1+\theta^2}$；

2. 验证 $\ln(x - \sqrt{x^2-1})$ 是 $-\dfrac{1}{\sqrt{x^2-1}}$ 的原函数.

3. 求下列不定积分：

(1) $\displaystyle\int \dfrac{x^2+1}{\sqrt{x}}\mathrm{d}x$；

(2) $\displaystyle\int \dfrac{\cos 2x}{\cos x - \sin x}\mathrm{d}x$；

(3) $\int e^x \left(1 - \dfrac{e^{-x}}{\sqrt{x}}\right) dx$;

(4) $\int \dfrac{3 \cdot 5^x + 7 \cdot 3^x}{2^x} dx$;

(5) $\int \dfrac{3x^4 + 2x^2}{1 + x^2} dx$;

(6) $\int \dfrac{x}{x^2 - 1} dx$;

(7) $\int \dfrac{3x^4 + 3x^2 + 1}{1 + x^2} dx$;

(8) $\int \tan^2 x \, dx$.

B 类题

1. 求下列不定积分：

(1) $\int \left(\sqrt{\dfrac{1+x}{1-x}} + \sqrt{\dfrac{1-x}{1+x}} \right) dx$;

(2) $\int 10^x \cdot e^{2x} dx$;

(3) $\int \dfrac{\cos 2t}{\sin^2 \dfrac{t}{2} \cos^2 \dfrac{t}{2}} dt$.

2. 证明函数 $f(x) = \dfrac{x^2}{2}\mathrm{sgn}\, x$ 是函数 $|x|$ 在 $(-\infty, +\infty)$ 上的原函数.

3. 已知 $f'(2+\cos x) = \sin^2 x + \tan^2 x$,试求 $f(x)$.

4.作直线运动的质点 M 的加速度为 $a(t)=t^2-3\cos t$,设其初始位置为 $s(0)=3$,初始速度为 $v(0)=5$,求 $v(t)$ 与 $s(t)$.

C 类题

设 $x\geqslant 0$ 时,$g(x)>0$,$g'(x)=f(x)$,$f(x)g(x)=\dfrac{x\mathrm{e}^x}{2(1+x)^2}$,$g(0)=2$,试求 $f(x)$.

第二节 换元积分法和分部积分法

掌握不定积分的换元法(第一类换元法,第二类换元法),以及分部积分法

1. 第一类换元法;
2. 第二类换元法;
3. 分部积分法.

例 1 求下列不定积分:

(1) $I = \int \dfrac{1+x^2}{1+x^4}\mathrm{d}x$;   (2) $I = \int \dfrac{x^2-1}{1+x^4}\mathrm{d}x$.

分析 分子分母同除以一个因子,然后凑微分求解.

解 (1)分子、分母同除以 x^2 得

$$I = \int \dfrac{(1+\dfrac{1}{x^2})\mathrm{d}x}{x^2+\dfrac{1}{x^2}}$$

因 $(1+\dfrac{1}{x^2})\mathrm{d}x = \mathrm{d}(x-\dfrac{1}{x}), x^2+\dfrac{1}{x^2} = (x-\dfrac{1}{x})^2 + 2$

于是 $I = \int \dfrac{\mathrm{d}(x-\dfrac{1}{x})}{(x-\dfrac{1}{x})^2+2} = \dfrac{1}{\sqrt{2}}\int \dfrac{\mathrm{d}\left[\dfrac{1}{\sqrt{2}}(x-\dfrac{1}{x})\right]}{1+\left[\dfrac{1}{\sqrt{2}}(x-\dfrac{1}{x})\right]^2}$

$= \dfrac{1}{\sqrt{2}}\arctan\dfrac{1}{\sqrt{2}}(x-\dfrac{1}{x}) + C.$

(2)与题(1)类似,因

$(1-\dfrac{1}{x^2})\mathrm{d}x = \mathrm{d}(x+\dfrac{1}{x}), x^2+\dfrac{1}{x^2} = (x+\dfrac{1}{x})^2 - 2,$

于是令 $u = x+\dfrac{1}{x}$,则

$$I = \int \dfrac{\mathrm{d}(x+\dfrac{1}{x})}{(x+\dfrac{1}{x})^2-(\sqrt{2})^2} = \dfrac{1}{2\sqrt{2}}\int \left(\dfrac{1}{u-\sqrt{2}} - \dfrac{1}{u+\sqrt{2}}\right)\mathrm{d}u$$

$$= \frac{1}{2\sqrt{2}} \ln \left| \frac{x + \frac{1}{x} - \sqrt{2}}{x + \frac{1}{x} + \sqrt{2}} \right| + C = \frac{1}{2\sqrt{2}} \ln \left| \frac{x^2 - \sqrt{2}x + 1}{x^2 + \sqrt{2}x + 1} \right| + C.$$

例 2 求下列不定积分.

(1) $\int \frac{\sqrt{x^2 - a^2}}{x} dx \, (a > 0)$; (2) $\int \frac{dx}{(2x^2 + 1)\sqrt{x^2 + 1}}$.

分析 被积函数中含有 $\sqrt{x^2 \pm a^2}$ 或 $\sqrt{a^2 - x^2}$, 而又不能凑微分时可考虑第二类换元法中的三角代换法, 根据被积函数形式的不同, 采用不同的三角代换, 目的是去根号, 即化积分函数中的无理式为有理式.

解 (1) 当 $x > a$ 时, 令 $x = a\sec t$, $0 \leqslant t \leqslant \frac{\pi}{2}$,

原式 $= \int \frac{a \tan t}{a \sec t} a \sec t \tan t \, dt = \int a \tan^2 t \, dt = \int a(\sec^2 - 1) dt = a(\tan t - t) + C$

当 $x < -a$ 时, 令 $x = -t$,

原式 $= \int \frac{\sqrt{t^2 - a^2}}{t} dt = \sqrt{t^2 - a^2} - a \arccos \frac{a}{t} + C = \sqrt{t^2 - a^2} - a \arccos \frac{a}{-x} + C$,

$= \sqrt{x^2 - a^2} - a \arccos \frac{a}{x} + C$

综上所述, 原式 $= \sqrt{x^2 - a^2} - a \arccos \frac{a}{|x|} + C$.

(2) 令 $x = \tan t$, $-\frac{\pi}{2} < t < \frac{\pi}{2}$, $dx = \sec^2 t \, dt$.

原式 $= \int \frac{\sec^2 t}{(2\tan^2 t + 1)\sqrt{1 + \tan^2 t}} dt = \int \frac{dt}{\cos t (2\tan^2 t + 1)}$

$= \int \frac{\cos t \, dt}{2\sin^2 t + \cos^2 t} = \int \frac{d\sin t}{1 + \sin^2 t} = \arctan(\sin t) + C$

$= \arctan\left(\frac{x}{\sqrt{1 + x^2}}\right) + C.$

例 3 求出 $I_n = \int (\arcsin x)^n dx$ 的递推公式.

分析 实质就是利用分部积分法得出 I_n 与 I_{n-1} 或 I_{n-2} 的关系.

解 令 $\arcsin x = t$, 则 $x = \sin t$, $dx = \cos t \, dt$, 于是

$$I_n = \int t^n d\sin t = t^n \sin t + n \int t^{n-1} d\cos t$$

$$= t^n \sin t + n[t^{n-1} \cos t - (n-1) I_{n-2}]$$

$$= (\arcsin x)^n + n\sqrt{1 - x^2} (\arcsin x)^{n-1} - n(n-1) I_{n-2}.$$

其中 $I_1 = x\arcsin x + \sqrt{1-x^2} + C$,$I_2 = x(\arcsin x)^2 + 2\sqrt{1-x^2}\arcsin x - 2x + C$.

一、第一类换元法

A 类题

1. 求下列不定积分：

(1) $\int e^x \cos e^x \, dx$;

(2) $\int \dfrac{\arctan x}{1+x^2} \, dx$;

(3) $\int \dfrac{1}{(1-2x)^3} \, dx$;

(4) $\int \tan^3 x \, dx$;

(5) $\int \dfrac{1}{\sqrt{x} \sin^2 \sqrt{x}} \, dx$;

(6) $\int \dfrac{1}{1+e^x} \, dx$;

(7) $\int \dfrac{1}{x(x^6+4)}\mathrm{d}x$;

(8) $\int \dfrac{1}{\mathrm{e}^x+\mathrm{e}^{-x}}\mathrm{d}x$;

(9) $\int \dfrac{1}{\sin x \cos x}\mathrm{d}x$;

(10) $\int \dfrac{\cot x}{\ln\sin x}\mathrm{d}x$;

(11) $\int \dfrac{1}{x\ln x \ln\ln x}\mathrm{d}x$;

(12) $\int \dfrac{5^{2\arccos x}}{\sqrt{1-x^2}}\mathrm{d}x$;

(13) $\int \dfrac{\cos x}{\sin^2 x - 6\sin x + 12}dx$;   (14) $\int (1-\dfrac{1}{x^2})e^{x+\frac{1}{x}}dx$.

2. 已知 $f(x)$ 的一个原函数为 e^{x^2}，求 $\int f(x)f'(x)dx$，$\int xf'(x)dx$.

B 类题

1. 求下列不定积分：

(1) $\int \dfrac{1}{\sqrt{2x+3}+\sqrt{2x-1}}dx$;   (2) $\int \dfrac{\cos x}{\sin x+\cos x}dx$;

(3) $\int \dfrac{1}{\sqrt{x-x^2}} dx$;

(4) $\int \dfrac{1}{\sin 2x - 2\sin x} dx$.

2. 设 $\int f(x) dx = \sin x + C$,求 $\int \dfrac{f(\arcsin x)}{\sqrt{1-x^2}} dx$.

C 类题

1. 设 $f(x^2-1) = \ln \dfrac{x^2}{x^2-2}$,且 $f[\varphi(x)] = \ln x$,求 $\int \varphi(x) dx$.

2. 求 $\int \left[\dfrac{f(x)}{f'(x)} - \dfrac{f^2(x)f''(x)}{f'^3(x)} \right] dx$.

二、第二类换元法

A 类题

求下列不定积分：

(1) $\int \dfrac{1}{\sqrt{(1+x^2)^3}} dx$;

(2) $\int \dfrac{1}{(a^2-x^2)^{\frac{3}{2}}} dx$;

(3) $\int \dfrac{1}{x+\sqrt{1-x^2}} dx$;

(4) $\int \dfrac{\sqrt{x^2-9}}{x} dx$;

(5) $\int \dfrac{\sqrt{a^2-x^2}}{x^4}\mathrm{d}x$;

(6) $\int \dfrac{1}{x^4(1+x^4)}\mathrm{d}x$.

B 类题

求下列不定积分：

(1) $\int \sqrt{\dfrac{1-x}{1+x}} \cdot \dfrac{1}{x}\mathrm{d}x$;

(2) $\int \sqrt{1+\mathrm{e}^x}\,\mathrm{d}x$.

C 类题

求下列不定积分：

(1) $\int \dfrac{1}{\mathrm{e}^x+\mathrm{e}^{\frac{x}{2}}}\mathrm{d}x$;

(2) $\int x\sqrt{\dfrac{x}{2a-x}}\,\mathrm{d}x\,(a>0)$.

三、分部积分法

A 类题

1. 求下列不定积分：

(1) $\int x^2 \cos x \, dx$；

(2) $\int x^2 \ln x \, dx$；

(3) $\int (x^2 - 2x + 5) e^{-x} \, dx$；

(4) $\int \dfrac{x \cos x}{\sin^3 x} \, dx$；

(5) $\int e^{\sqrt{x}} \, dx$；

(6) $\int (\ln x)^2 \, dx$；

(7) $\int \arcsin x \, dx$;

(8) $\int x^2 \ln(1+x) \, dx$;

(9) $\int \dfrac{\arcsin \sqrt{x}}{\sqrt{x}} dx$;

(10) $\int \left(\dfrac{\ln x}{x}\right)^2 dx$.

2. 用两种方法求积分 $\int \dfrac{x^3}{\sqrt{1+x^2}} dx$.

B 类题

1. 求下列不定积分：

(1) $\displaystyle\int \frac{x\ln x}{(1+x^2)^{\frac{3}{2}}}dx$;

(2) $\displaystyle\int \frac{x\,\mathrm{e}^{-x}}{(1-x)^2}dx$;

(3) $\displaystyle\int \frac{(x+1)\mathrm{e}^x}{(x+2)^2}dx$;

(4) $\displaystyle\int x\tan^2 x\,dx$;

(5) $\displaystyle\int \sin(\ln x)\,dx$.

2. 已知 $f(x)$ 的一个原函数为 $\dfrac{\sin x}{x}$，求 $\displaystyle\int x^3 f'(x)\,\mathrm{d}x$.

C 类题

1. 设 $y(x-y)^2 = x$，求 $\displaystyle\int \dfrac{1}{x-3y}\,\mathrm{d}x$.

2. 设 $I_n = \displaystyle\int x^n \cos x\,\mathrm{d}x$，求 I_n 关于下标 n 的递推公式（n 为自然数，$n \geqslant 2$），并求 $\displaystyle\int x^5 \cos x\,\mathrm{d}x$.

第三节 几类初等函数的积分

会求有理函数、三角函数有理式和简单无理函数的不定积分.

1. 有理函数的积分;
2. 三角函数有理式的积分 $\int R(\sin x, \cos x)\,dx$;
3. 简单无理函数的积分.

例1 求下列不定积分.

(1) $\int \dfrac{dx}{\tan x + \sin x}$; (2) $\int \dfrac{dx}{\sqrt[3]{(x+1)^2(x-1)^4}}$.

分析 (1)通过万能公式转换为有理式进行积分. (2)通过变量代换去掉根号,化有理函数的积分来进行.

解 (1)令 $u = \tan\dfrac{x}{2}$,则

$$\text{原式} = \int \dfrac{1}{\dfrac{2u}{1-u^2} + \dfrac{2u}{1+u^2}} \cdot \dfrac{2}{1+u^2}\,du$$

$$= \dfrac{1}{2}\int \dfrac{1-u^2}{u}\,du = \dfrac{1}{2}\left(\ln|u| - \dfrac{1}{2}u^2\right) + C$$

$$= \dfrac{1}{2}\left[\ln\left|\tan\dfrac{x}{2}\right| - \dfrac{1}{2}\tan^2\dfrac{x}{2}\right] + C.$$

(2)令 $t = \sqrt[3]{\dfrac{x+1}{x-1}}$,则 $x = \dfrac{t^3+1}{t^3-1}$, $dx = \dfrac{-6t^2}{(t^3-1)^2}\,dt$,所以

$$\text{原式} = \int \dfrac{1}{(x+1)(x-1)}\sqrt[3]{\dfrac{x+1}{x-1}}\,dx$$

$$= \int \dfrac{t}{\dfrac{4t^3}{(t^3-1)^2}} \cdot \dfrac{-6t^2}{(t^3-1)^2}\,dt = -\dfrac{3}{2}\int dt = -\dfrac{3}{2}t + C$$

$$= -\dfrac{3}{2}\sqrt[3]{\dfrac{x+1}{x-1}} + C.$$

一、有理函数的积分

A 类题

求下列不定积分：

(1) $\displaystyle\int \frac{x-2}{x^2-7x+12}\,\mathrm{d}x$；

(2) $\displaystyle\int \frac{2x^2-3x-3}{(x-1)(x^2-2x+5)}\,\mathrm{d}x$；

(3) $\displaystyle\int \frac{\mathrm{d}x}{(x+1)(x+2)(x+3)}$；

(4) $\displaystyle\int \frac{\mathrm{d}x}{x(x^2+1)}$；

(5) $\displaystyle\int \frac{\mathrm{d}x}{(x+1)(x+2)^2}$；

(6) $\displaystyle\int \frac{\mathrm{d}x}{(x-1)(x^2+1)^2}$.

B 类题

求下列不定积分：

(1) $\int \dfrac{\mathrm{d}x}{x^4+1}$;

(2) $\int \dfrac{\mathrm{d}x}{x^4+x^2+1}$.

2. 设 $\int \dfrac{\mathrm{d}x}{(1+2\cos x)^2} = \dfrac{a\sin x}{1+2\cos x} + b\int \dfrac{\mathrm{d}x}{1+2\cos x}$，求常数 a、b 的值.

C 类题

在什么条件下，积分 $\int \dfrac{ax^2+bx+c}{x^3(x-1)^2}\mathrm{d}x$ 表示有理函数？

二、三角函数有理式的积分

A 类题

求下列不定积分：

(1) $\displaystyle\int \frac{\mathrm{d}x}{1+\sin x+\cos x}$;

(2) $\displaystyle\int \frac{\mathrm{d}x}{2+\cos x}$;

(3) $\displaystyle\int \frac{\mathrm{d}x}{(2+\cos x)\sin x}$;

(4) $\displaystyle\int \frac{\tan^3 x}{\cos x}\mathrm{d}x$;

(5) $\displaystyle\int \frac{1}{1+\tan x}\mathrm{d}x$.

B 类题

求下列不定积分：

(1) 求不定积分 $\int \dfrac{7\cos x - 3\sin x}{2\sin x + 5\cos x}\,dx$.

(2) $\int \dfrac{x + \sin x}{1 + \cos x}\,dx$.

三、某些含根式的函数的积分

A 类题

求下列不定积分：

(1) $\int \dfrac{\sqrt{x+1} - \sqrt{x-1}}{\sqrt{x+1} + \sqrt{x-1}}\,dx$;

(2) $\int \dfrac{(\sqrt{x})^3 + 1}{\sqrt{x} + 1}\,dx$;

(3) $\int \dfrac{\mathrm{d}x}{\sqrt{x(1+x)}}$;

(4) $\int \dfrac{\mathrm{d}x}{x\sqrt{x^2+3x-4}}$;

(5) $\int x\sqrt{x^4+2x^2-1}\,\mathrm{d}x$;

(6) $\int \dfrac{1+\sqrt{1+x}}{\sqrt[6]{(1+x)^5}(1+\sqrt[3]{1+x})}\mathrm{d}x$.

B 类题

求下列不定积分：

(1) $\int \dfrac{x^2+1}{x\sqrt{x^4+1}}\mathrm{d}x$;

(2) $\int \sqrt{1+\sin x}\,\mathrm{d}x$.

参考答案

第一章 函数、极限、连续性(二)

第一节 两个重要极限与函数极限的存在准则

A 类题

1. (1) D； (2) C； (3) B.

2. $a=1, b=3$.

3. (1) 0； (2) 1； (3) $e^{4/3}$； (4) $\dfrac{1}{2}$； (5) e^4； (6) e^2.

B 类题

1. (1) 1； (2) $\dfrac{1}{2}$； (3) e^{-1}； (4) e^3.

2. $a=-2, b=1$.

3. $a \neq \dfrac{1}{2e}$ 时,极限不存在；$a = \dfrac{1}{2e}$ 时,极限存在,为 e.

C 类题

提示：利用 Heine 定理证明.

第二节 无穷小和无穷大

A 类题

1. 是；否；是.

2. 是；是；是.

3. 略.

4. 略.

5. 略.

B 类题

1. (1) $\dfrac{1}{a}$； (2) e^2； (3) -3； (4) $\dfrac{1}{e}$； (5) $\dfrac{a}{m} - \dfrac{b}{n}$； (6) $\dfrac{2}{11}$.

2. $P(x) = 2x^3 + x^2 + 3x$.

3. 三阶.

4. $A\ln a$.

C 类题

1. $n=2016, a=\dfrac{1}{2016}$.

2. 提示: $\sin(\pi\sqrt{n^2+1}) = \sin[n\pi+\pi(\sqrt{n^2+1}-n)] = (-1)^n \sin(\pi\sqrt{n^2+1}-n\pi)$.

3. ① 取 $x_k = \dfrac{1}{2k\pi+\dfrac{\pi}{2}}$, 则 $\dfrac{1}{x_k}\sin\dfrac{1}{x_k} = 2k\pi+\dfrac{\pi}{2} \to \infty$; ② 取 $x'_k = \dfrac{1}{2k\pi}$, 则 $\left|\dfrac{1}{x'_k}\sin\dfrac{1}{x'_k}\right| = 0$.

4. ① 取 $x_k = 2k\pi+\dfrac{\pi}{4}$ 时, 则 $x_k\cot x_k \to +\infty$; ② 取 $x'_k = 2k\pi+\dfrac{\pi}{2}$, 则 $x'_k\cot x'_k = 0$.

第三节　函数的连续性

A 类题

1. (1) A; (2) C; (3) D.

2. (1) $x=0$ 为第二类间断点; (2) $x=0$ 为跳跃间断点.

3. $a=1, b=3$.

4. (1) 0; (2) e^a; (3) -6; (4) $\ln 2+1$.

5. 提示: 令函数 $f(x)=x^5-3x-1$, 根据零点定理证明.

6. 提示: 设 $\varphi(x)=f(x+a)-f(x)$, 根据介值定理证明.

B 类题

1. (1) $x=1$ 为跳跃间断点, $x=\pm 2, \pm 4, \cdots$ 为无穷间断点; $x=0$ 为可去间断点;

   (2) $x=1$ 为振荡间断点, $x=-\dfrac{\pi}{2}$ 为可去间断点;

   $x=-k\pi-\dfrac{\pi}{2}$ $(k=1,2,\cdots)$ 为无穷间断点, $x=0$ 为跳跃间断点.

2. $\begin{cases} a=0, \\ b=1. \end{cases}$

3. (1) $\lim\limits_{x\to x_0} u(x)^{v(x)} = \lim\limits_{x\to x_0} e^{v(x)\ln u(x)} = e^{\lim\limits_{x\to x_0} v(x)\ln u(x)} = e^{B\ln A} = A^B$; (2) e^2; $e^{-\pi/2}$.

4. 提示: 令 $F(x)=a(x-m)(x-n)+b(x-h)(x-n)+c(x-h)(x-m)$, 根据零点定理证明.

5. 提示: 令 $P(x)=a_{2n+1}x^{2n+1}+a_{2n}x^{2n}+\cdots a_1 x+a_0 = x^{2n+1}\left(a_{2n+1}+a_{2n}\dfrac{1}{x}+\cdots+a_1\dfrac{1}{x^{2n}}+a_0\dfrac{1}{x^{2n+1}}\right)$, 则 $P(-\infty)=-\infty, P(+\infty)=+\infty$, 根据零点定理证明.

6. 提示：设 $M = \max\limits_{x \in [x_1, x_n]} f(x), m = \min\limits_{x \in [x_1, x_n]} f(x)$. 根据介值定理证明.

C 类题

1. (1) $x=1$ 为跳跃间断点；(2) $x=-1, 0$ 为可去间断点，$x=1$ 为跳跃间断点； (3) $x=0$ 为跳跃间断点.

2. 提示：分别在区间 $(-1, 0), (0, 3), (3, 5)$ 内根据零点定理证明各至少有一个零点.

3. 提示：若 $f(x_1) = f(x_2) = \cdots = f(x_n)$，则结论显然成立. 若 $f(x_1), f(x_2), \cdots, f(x_n)$ 不全相等，设 $f(x_i) = \min\limits_{1 \leqslant k \leqslant n} f(x_k), f(x_j) = \max\limits_{1 \leqslant k \leqslant n} f(x_k)$，根据介值定理证明.

4. 提示：令 $\varphi(x) = f(x) - f\left(x + \dfrac{1}{5}\right)$，用反证法证明.

5. 由已知 $f(x)$ 在 $[a, +\infty)$ 上连续且取正值，于是任取 $b \in [a, +\infty), f(b) > 0$. 由于 $\lim\limits_{x \to +\infty} f(x) = 0$，取 $\varepsilon = f(b)$，可知存在 $X > 0$，使得当 $x > X$ 时，$|f(x)| < \varepsilon = f(b)$ 恒成立，即 $f(x) < f(b)$. 又由于 $f(x) \in C[a, +\infty)$，于是 $f(x)$ 在 $[a, X]$ 上也连续且取正值，所以 $f(x)$ 在 $[a, X]$ 上有最大值，即存在一点 $c \in [a, X]$，使 $f(c) \geqslant f(x), x \in [a, X]$. 取 $f(x_0) = \max\{f(b), f(c)\}$，对一切 $x \in [a, +\infty)$，均有 $f(x_0) \geqslant f(x)$.

第二章 导数与微分

第一节 导数概念

A 类题

1. (1) $-\dfrac{9}{2}$；(2) -1；(3) 0；(4) $2018!$. **2.** (1) D；(2) B；(3) D；(4) C.

3. (1) $\left(\dfrac{1}{2}, \dfrac{1}{4}\right)$；(2) $(2, 4)$. **4.** 略.

5. 当 $A=0, b=0, a$ 为任意常数时，$f(x)$ 在 $x=0$ 处可导，且 $f'(0)=0$.

6. 切线方程为：$3x-y-1=0$. 法线方程为：$x+3y-17=0$.

B 类题

1. (1) $f(x)$ 在 $x=0$ 处的导数为 0；

(2) 当 $g(0) = \dfrac{1}{2}$ 时，$f(x)$ 在 $x=0$ 处可导；当 $g(0) \neq \dfrac{1}{2}$ 时，$f(x)$ 在 $x=0$ 处不可导.

2. $f'(1) = 2015$. **3.** 略.

C 类题

1. $\dfrac{\mathrm{d}}{\mathrm{d}x}[f(g(x))]\bigg|_{x=0} = 0$. **2.** 1. **3.** 1.

4. 提示：$f'(0) = a_1 + 2a_2 + \cdots + na_n$，再根据导数定义证明 $|f'(0)| \leqslant 1$.

第二节　求导法则与导数基本公式

A 类题

1. (1) $2\sec^2 x + \sec x \tan x$；　(2) $\dfrac{1}{\sqrt{a^2+x^2}}$；　(3) $\sec x$；　(4) $-\dfrac{1}{2}e^{-x/2}(\cos 3x + 6\sin 3x)$；

   (5) $y' = \dfrac{1-\ln(\ln x)}{x\ln^2 x}$；　(6) $y' = \dfrac{2}{x\ln x \cdot \ln(\ln x)}$；　(7) $n\sin^{n-1}x\cos(n+1)x$；

   (8) $\left(\dfrac{a}{b}\right)^x \left(\dfrac{b}{x}\right)^a \left(\dfrac{x}{a}\right)^b \left(\ln\dfrac{a}{b} - \dfrac{a}{x} + \dfrac{b}{x}\right)$.

2. (1) $\dfrac{f''(x)f(x)-[f'(x)]^2}{f^2(x)}$；　(2) $y^{(6)} = 4\times 6!,\ y^{(7)} = 0$；　(3) $2^{n/2}e^x\cos\left(x+\dfrac{n}{4}\pi\right)$.

B 类题

1. (1) $y' = \dfrac{1}{2\sqrt{x+\sqrt{x+\sqrt{x}}}}\left[1 + \dfrac{1}{2\sqrt{x+\sqrt{x}}}\left(1 + \dfrac{1}{2\sqrt{x}}\right)\right]$；

   (2) $y' = \dfrac{1}{2}\sqrt{\dfrac{(x-a)(x-b)}{(x-c)(x-d)}}\left(\dfrac{1}{x-a} + \dfrac{1}{x-b} - \dfrac{1}{x-c} - \dfrac{1}{x-d}\right)$；

   (3) $y' = a^a x^{a-1} + x^{a-1}a^{x^a+1}\ln a + a^{x+a^x}\ln^2 a$；(4) $y' = -\dfrac{2}{\sqrt{x^2+1}}$.

2. $\varphi'(7) = \dfrac{1}{10}$.　　3. $\dfrac{d^2 x}{dy^2} = -\dfrac{y''}{(y')^3}$.　　4. (1) $2^{20}e^{2x}(x^2+20x+94)$；　(2) $2^{19}+4^{20}-9\cdot 6^{19}$.

C 类题

1. $F'(x) = \begin{cases} 1, & 0 < x < 1, \\ 2x, & 1 < x < 2, \end{cases}$　$F'(1)$ 不存在.　　2. $\lim\limits_{x\to 1^+} \dfrac{d}{dx}f(\cos\sqrt{x-1}) = -1$.

3. 提示：(1) 将 $y' = (2\arcsin x)\dfrac{1}{\sqrt{1-x^2}}$ 写成 $y'\sqrt{1-x^2} = 2\arcsin x$，再两边对 x 求导；

(2) 仿照例 4.19 的方法，在(1)中等式两边对 x 求 n 阶导并利用 Leibniz 公式，可得递推公式，解得
$y^{(2k-1)}(0) = 0,\ y^{(2k)}(0) = 2^{2k-1}((k-1)!)^2$.

4. 提示：根据数学归纳法证明.

第三节　隐函数与参数式函数的求导法则

A 类题

1. (1) $-\dfrac{y^2 + \sin(x+y^2)}{2xy + e^y + 2y\sin(x+y^2)}$；　(2) $\dfrac{y\cos x + \sin(x-y)}{\sin(x-y) - \sin x}$.　　2. (1) $\dfrac{e^{2s}(2-s)}{(1-te^s)^3}$；　(2) $\dfrac{1}{e^2}$.

3. (1) $\dfrac{\cos t - \sin t}{\sin t + \cos t},\ \sqrt{3}-2$；　(2) $\dfrac{-\sin 2t}{1+\sin 2t},\ \dfrac{-2\cos 2t}{(1+\sin 2t)^3}$；　(3) $\dfrac{2f''(t)f'(t) + 4t[f''(t)]^2 - 2tf'''(t)f'(t)}{(f''(t))^3}$.

B 类题

1. $\dfrac{2x-f'(x)y^2-f(y)}{2yf(x)+xf'(y)}$.   2. $\dfrac{f''(y)-(1-f'(y))^2}{x^2(1-f'(y))^3}$.   3. (1) $\dfrac{-6t-3t^2}{2(1+t)^5}$； (2) $\dfrac{e}{4}(2e-3)$.

C 类题

1. (1) $\left(\dfrac{x}{1+x}\right)^x\left(\ln\dfrac{x}{1+x}+\dfrac{1}{1+x}\right)$； (2) $\dfrac{1}{2}(\tan 2x)^{\cot\frac{x}{2}}\left(\dfrac{8\cot\frac{x}{2}}{\sin 4x}-\dfrac{\ln\tan 2x}{\sin^2\frac{x}{2}}\right)$.

2. (1) $\dfrac{50}{9\pi}$(m/分钟)； (2) $4(\text{m}^2/\text{分钟})$.

第四节 微分

A 类题

(1) $e^x(1+x)dx$； (2) $5^{\ln\tan x}\ln 5\dfrac{dx}{\sin x\cos x}$； (3) $\dfrac{1}{\sqrt{x^2-1}}dx$；

(4) $(1+\ln x+\dfrac{1}{\sqrt{1-x^2}})dx$；

(5) $\dfrac{\sqrt{3}}{24}\pi$； (6) $2x^{\ln x-1}\ln x\,dx$； (7) $\dfrac{2+\ln(x-y)}{3+\ln(x-y)}dx$； (8) $\dfrac{y(\cos x-\sin x)}{(y-1)\sin x}dx$.

B 类题

1. (1) $\dfrac{y(x\ln y-y)}{x(y\ln x-x)}dx$； (2) $\varphi(0)dx$； (3) $\cos\sqrt{x}$.

(4) $\dfrac{dy}{dx}=e^{\sin x}\cos x$，$\dfrac{dy}{dx^2}=\dfrac{e^{\sin x}\cos x}{2x}$；$\dfrac{dy}{de^x}=\dfrac{e^{\sin x}\cos x}{e^x}$； (5) $\dfrac{2}{3(2x+1)(2y+1)\sqrt{x^2+x}}$.

2. 提示：令 $x=y=0$，可得 $f(0)=0$，于是 $f'(0)=\lim\limits_{h\to 0}\dfrac{f(h)-f(0)}{h}=\lim\limits_{h\to 0}\dfrac{f(h)}{h}$.

$\forall x\in R$，有 $\lim\limits_{h\to 0}\dfrac{f(x+h)-f(x)}{h}=f'(0)[1+4f^2(x)]$，

所以 $f'(x)=f'(0)[1+4f^2(x)]$，即 $f(x)$ 在 R 上可微.

第三章 一元函数的不定积分

第一节 不定积分的概念与性质

A 类题

1. (1) $e^x+e^{6x}+C$； (2) $4x\sqrt{x}+\dfrac{1}{x}+10\ln x+C$； (3) $\dfrac{3t^2}{2}+\dfrac{3t^{4/3}}{4}-\dfrac{2^t}{\ln 2}+C$；

(4) $-\cos\theta+\arctan\theta+C$.   2. 略.

3. (1) $\frac{2}{5}x^{5/2}+2x^{1/2}+C$; (2) $\sin x-\cos x+C$; (3) $e^x-2x^{1/2}+C$;

(4) $3\left(\frac{5}{2}\right)^x\frac{1}{\ln\frac{5}{2}}+7\left(\frac{3}{2}\right)^x\frac{1}{\ln\frac{3}{2}}+C$; (5) $x^3-x+\arctan x+C$;

(6) $\frac{1}{2}\ln|x^2-1|+C$; (7) $x^3+\arctan x+C$; (8) $\tan x-x+C$.

B 类题

1. (1) $2\arcsin x+C$; (2) $\frac{10^x\cdot e^{2x}}{2+\ln 10}+C$; (3) $-8t-4\cot t+C$.   2. 略.

3. $f(x)=\frac{-1}{x-2}-\frac{1}{3}(x-2)^3+C$.   4. $v(t)=\frac{1}{3}t^3-3\sin t+5$, $s(t)=\frac{t^4}{12}+3\cos t+5t$.

C 类题

$f(x)=\frac{1}{2}\left(\frac{e^x}{1+x}+3\right)^{-1/2}\frac{xe^x}{(1+x)^2}$.

第二节 换元积分法和分部积分法

一、第一类换元法

A 类题

1. (1) $\sin e^x+C$; (2) $\frac{1}{2}(\arctan x)^2+C$; (3) $\frac{1}{4}\frac{1}{(1-2x)^2}+C$; (4) $\ln|\cos x|+\frac{1}{2}\frac{1}{\cos^2 x}+C$;

(5) $-2\cot\sqrt{x}+C$; (6) $x-\ln(1+e^x)+C$; (7) $\frac{1}{24}\ln\frac{x^6}{4+x^6}+C$; (8) $\arctan e^x+C$;

(9) $\ln|\tan x|+C$; (10) $\ln|\ln\sin x|+C$; (11) $\ln(\ln(\ln x))+C$; (12) $-\frac{5^{2\arccos x}}{2\ln 5}+C$;

(13) $\frac{1}{\sqrt{3}}\arctan\frac{\sin x-3}{\sqrt{3}}+C$; (14) $e^{x+1/x}+C$.

2. 略.

B 类题

1. (1) $\frac{1}{12}(2x+3)^{3/2}-\frac{1}{12}(2x-1)^{3/2}+C$; (2) $\frac{1}{2}x+\frac{1}{2}\ln|\sin x+\cos x|+C$;

(3) $2\arcsin\sqrt{x}+C$; (4) $\frac{1}{8}\cot^2\frac{x}{2}+\frac{1}{4}\ln\left|\cot\frac{x}{2}\right|+C$.

2. $x+C$.

C 类题

1. $x+2\ln|x-1|+C$.   **2.** $\dfrac{1}{2}\left(\dfrac{f(x)}{f'(x)}\right)^2+C$.

二、第二类换元法

A 类题

(1) $\dfrac{x}{\sqrt{1+x^2}}+C$;   (2) $\dfrac{x}{a^2\sqrt{a^2-x^2}}+C$;   (3) $\dfrac{1}{2}\ln|x+\sqrt{1-x^2}|+\dfrac{1}{2}\arcsin x+C$;

(4) $\sqrt{x^2-9}-3\arccos\dfrac{3}{x}+C$;   (5) $-\dfrac{1}{3a^2}\left(\dfrac{a^2}{x^2}-1\right)^{3/2}+C$;

(6) $\dfrac{-1}{3x^3}-\dfrac{1}{2\sqrt{2}}\arctan\dfrac{1}{\sqrt{2}}(x-\dfrac{1}{x})+\dfrac{1}{4\sqrt{2}}\ln\left|\dfrac{x^2-\sqrt{2}x+1}{x^2+\sqrt{2}x+1}\right|+C$.

B 类题

(1) $2\arctan\sqrt{\dfrac{1-x}{1+x}}-\ln\left|\dfrac{1+\sqrt{1-x^2}}{x}\right|+C$;   (2) $2\sqrt{1+e^x}+\ln\dfrac{\sqrt{1+e^x}-1}{\sqrt{1+e^x}+1}+C$.

C 类题

(1) $-2e^{-x/2}+2\ln(e^{-x/2}+1)+C$;

(2) 设 $x=2a\sin^2 t$, 原式 $=3a^2\arcsin\sqrt{\dfrac{x}{2a}}-2a\sqrt{x(2a-x)}+\dfrac{a-x}{2}\sqrt{x(2a-x)}+C$.

三、分部积分法

A 类题

1. (1) $x^2\sin x+2x\cos x-2\sin x+C$;   (2) $\dfrac{x^3}{3}\ln x-\dfrac{1}{9}x^3+C$;   (3) $-e^{-x}(x^2+5)+C$;

(4) $-\dfrac{1}{2}\dfrac{x}{\sin^2 x}-\dfrac{1}{2}\cot x+C$;   (5) $2e^{\sqrt{x}}(\sqrt{x}-1)+C$;   (6) $x(\ln x)^2-2x\ln x+2x+C$;

(7) $x\arcsin x+\sqrt{1-x^2}+C$;   (8) $\dfrac{1}{3}x^3\ln(1+x)-\dfrac{1}{9}x^3+\dfrac{1}{6}x^2-\dfrac{1}{3}x+\dfrac{1}{3}\ln(1+x)+C$;

(9) $2\sqrt{x}\arcsin\sqrt{x}+2\sqrt{1-x}+C$;   (10) $-\dfrac{1}{x}(\ln^2 x+2\ln x+2)+C$.

2. $\dfrac{1}{3}(1+x^2)^{3/2}-\sqrt{1+x^2}+C$.

B 类题

1. (1) $-\dfrac{\ln x}{\sqrt{1+x^2}}+\ln\dfrac{\sqrt{1+x^2}-1}{x}+C$;   (2) $\dfrac{e^{-x}}{1-x}+C$;   (3) $\dfrac{e^x}{x+2}+C$;

(4) $x\tan x+\ln|\cos x|-\dfrac{1}{2}x^2+C$;   (5) $\dfrac{x}{2}[\sin(\ln x)-\cos(\ln x)]+C$.

2. $x^2\cos x - 4x\sin x - 6\cos x$.

C 类题

1. $\dfrac{1}{2}\ln|(x-y)^2-1|+C$.

2. $I_1 = \displaystyle\int x\cos x\,\mathrm{d}x = x\sin x + \cos x + C, I_n = x^n\sin x + nx^{n-1}\cos x - n(n-1)I_{n-2}$,

   $I_5 = (x^5 - 20x^3 + 120x)\sin x + (5x^4 - 60x^2 + 120)\cos x + C$.

第三节　几类初等函数的积分

一、有理函数的积分

A 类题

(1) $2\ln|x-4| - \ln|x-3| + C$；　(2) $\dfrac{3}{2}\ln[(x-1)^2+4] - \ln|x-1| + \dfrac{1}{2}\arctan\dfrac{x-1}{2} + C$；

(3) $\dfrac{1}{2}\ln|x+1| - \ln|x+2| + \dfrac{1}{2}\ln|x+3| + C$；　(4) $\ln|x| - \dfrac{1}{2}\ln(x^2+1) + C$；

(5) $\ln|x+1| + \dfrac{1}{x+2} - \ln|x+2| + C$；

(6) $\dfrac{1}{4}\ln|x-1| - \dfrac{1}{8}\ln(x^2+1) + \dfrac{1-x}{4(x^2+1)} - \dfrac{1}{2}\arctan x + C$.

B 类题

1. (1) $\dfrac{\sqrt{2}}{8}\ln\left|\dfrac{x^2+\sqrt{2}x+1}{x^2-\sqrt{2}x+1}\right| + \dfrac{\sqrt{2}}{4}\arctan\dfrac{x^2-1}{\sqrt{2}x} + C$；

   (2) $\dfrac{1}{4}\ln\left|\dfrac{x^2+x+1}{x^2-x+1}\right| + \dfrac{\sqrt{3}}{6}\arctan\dfrac{x^2-1}{\sqrt{3}x} + C$.

2. $a = \dfrac{2}{3}, b = -\dfrac{1}{3}$.

C 类题

$a + 2b + 3c = 0$.

二、三角函数有理式的积分

A 类题

1. (1) $\ln\left|\tan\dfrac{x}{2}+1\right| + C$；　(2) $\dfrac{2}{\sqrt{3}}\arctan\dfrac{\tan\dfrac{x}{2}}{\sqrt{3}} + C$；

   (3) $\dfrac{1}{3}\ln|\cos x + 2| - \dfrac{1}{6}\ln|\cos x - 1| - \dfrac{1}{2}\ln|\cos x + 1| + C$；

(4) $\dfrac{1}{3\cos^3 x} - \dfrac{1}{\cos x} + C$；

(5) $\dfrac{1}{2}x + \dfrac{1}{2}\ln|\cos x + \sin x| + C$.

B 类题

(1) $x + \ln|2\sin x + 5\cos x| + C$；　　(2) $x\tan\dfrac{x}{2} + C$.

三、某些含根式的函数的积分

A 类题

(1) $\dfrac{x^2}{2} - \dfrac{x}{2}\sqrt{x^2-1} + \dfrac{1}{2}\ln|x + \sqrt{x^2-1}| + C$；　(2) $\dfrac{x^2}{2} - \dfrac{2}{3}x^{3/2} + x + C$；

(3) $\ln|2x + 1 + 2\sqrt{x^2+x}| + C$；　　　　(4) $\arctan\left(2\sqrt{\dfrac{x-1}{x+4}}\right) + C$；

(5) $\dfrac{x^2+1}{4}\sqrt{x^4+2x^2-1} - \ln\left|x^2+1+\sqrt{x^4+2x^2-1}\right| + C$；

(6) $3\sqrt[3]{1+x} - 3\ln(1+\sqrt[3]{1+x}) + 6\arctan\sqrt[6]{1+x} + C$.

B 类题

(1) $\ln\left|\dfrac{x^2+\sqrt{x^4+1}-1}{x}\right| + C$ $\quad\left(\text{其中：}\tan t = \dfrac{\sqrt{2}}{2}\left(x - \dfrac{1}{x}\right)\right)$；

(2) 当 $\cos x \geqslant 0$ 时，上式 $= -\displaystyle\int\dfrac{\mathrm{d}(1-\sin x)}{\sqrt{1-\sin x}} = -2\sqrt{1-\sin x} + C$；当 $\cos x < 0$ 时，上式 $= \displaystyle\int\dfrac{\mathrm{d}(1-\sin x)}{\sqrt{1-\sin x}} = 2\sqrt{1-\sin x} + C$.